工程实训报告

学　　院________________

班　　级________________

姓名学号________________

成　　绩________________

实训日期________________

带班教师________________

反馈日期________________

工程实训守则

（1）工程实训是实践教学环节中的重要组成部分，是培养学生实践创新能力的重要手段，必须端正态度，认真完成实训任务。

（2）必须严格遵守工程实训中心的规章制度，服从中心的安排与布置。认真做好实训前的准备工作，如实训教材、实训报告、工作服等。

（3）实训期间必须按规定着装，操作前必须穿好工作服、扎好袖口，戴好防护用品，女同学必须盘发并戴好工作帽，不准穿背心、短裤、裙子、高跟鞋、凉鞋、拖鞋、戴围巾等上岗操作。违反规定的同学禁止参加实训。

（4）必须严格遵守各实训项目的安全操作规程，不准违规操作。实训期间不得串岗，不得在实训场地内大声喧哗、打闹、吸烟；在实训时必须集中精力，不做与实训无关的事。

（5）必须严格遵守考勤制度，不准迟到、早退，有事必须请假，未经许可不得擅自离开中心。事假、病假须提前持学院相关的请假手续到中心找带班老师办理。事后请假一律按旷课处理（特殊情况除外）。

（6）实训场地的一切设备未经许可，不准擅自进行操作。不得随意触动实训场地内的任何电源开关和机床手柄。实训时若遇机器故障或事故隐患，应先停止机器运转并立即报告指导老师，禁止擅自拆修。

（7）保持实训设备和场地清洁，坚持每日小扫，每周大扫。每天实训结束前，必须整理和清点所用设备、工具和量具，经指导老师检查合格后方能离开岗位。

（8）要爱护设备、工具、量具等一切公共财物，并注意节约。丢失及非正常损坏的设备和物品要折价或照价赔偿。

（9）若违反以上各项规定，情节较轻者进行批评教育，情节严重者取消其实训资格，实训成绩为不合格；若造成安全事故，除必要的经济赔偿外，还需酌情进行相应处理。

关于工程实训的几点说明

《工程实训报告》是学生工程实训期间必须完成的作业，人手一册。《工程实训报告》必须独立完成，不得相互抄袭。语句要通顺，书写要工整，于实训的最后一天交给带班老师。

工程实训总成绩以百分制评定。各实训项目成绩根据基本技能考核（包括操作考核和工件质量）、基本知识考核（包括提问和书面测验）、平时成绩、实训报告综合评定。操作技能成绩根据学生完成工件的质量、制作进度、是否满足工艺要求综合打分；平时成绩根据实训期间的劳动态度、组织纪律性打分；理论测试以闭卷形式进行；实训报告成绩根据实训报告质量评定。

实训项目有漏缺或实训时间少于 2/3 者，该实训项目成绩做不及格处理。实训中有违纪现象，经教育不改，有严重违纪行为，或发生重大事故者，均取消实训资格，实训总成绩做不及格处理。在实训期间，病假天数超过实训总天数 1/3 以上者；或事假天数超过实训总天数 1/4 以上者；实训总成绩做不及格处理。有一个以上实训项目成绩不及格者，其实训总成绩做不及格处理。实训总成绩不及格者，必须重修。

目　录

实训报告一　车削加工……………………………………………………………………1
实训报告二　数控加工……………………………………………………………………2
实训报告三　特种加工……………………………………………………………………4
实训报告四　钳工 ……………………………………………………………………6
实训报告五　热加工……………………………………………………………………7
实训小结……………………………………………………………………9

实训报告一　车　削　加　工

一、填空题（每题1分，共5分）

（1）车刀刀头常用的材料有____________、____________、____________等，刀头材料应具备的性能有____________、____________、____________、____________等。

（2）车削加工运动分为____________运动和____________运动，在车削加工时刀具的移动是____________运动，工件的旋转运动属于____________运动。

（3）车刀由哪些部分组成，“三面、两刃、一尖”是指____________、____________、副后刀面、____________、____________、____________。

（4）普通车床的主要附件有卡盘、____________、____________和____________。

（5）普通车床主要传动分为齿轮传动、____________、______________、____________和____________。

二、简答题（共5分）

（1）简述安装90°右偏刀时的注意事项。（3分）

（2）工件毛坯直径为ϕ54mm，主轴转速为500r/min，现在要一次车成直径为ϕ43mm 的轴，求背吃刀量和切削速度。（2分）

三、工艺题（共8分）

（1）绘制出实训中加工的工件设计图。（3分）

（2）制订出工件的车削加工工艺（不少于5步）。（5分）

实训报告二 数 控 加 工

一、填空题（每题 1 分，共 5 分）

（1）实训中所用的数控铣床型号为 XK7130A，其工件坐标系以向____________为 *X* 轴正方向，以向____________为 *Y* 轴正方向，以向____________为 *Z* 轴正方向。

（2）数控铣床建立工件坐标系时，坐标原点通常选取在____________。

（3）数控机床 G 功能指令中，G00 表示____________，G01 表示____________。

（4）数控车床回参考点时，通常应先回____________轴，数控铣床回参考点应先回____________轴。

（5）数控车床在主轴旋转时不得打开____________，以防工件或切屑迸出伤人。

二、简答题（共 5 分）

（1）简述西门子 808D 数控车床操作系统建立工件坐标系的操作流程。（2 分）

（2）简述数控系统中工件坐标系和机床坐标系的区别。（3 分）

三、编程（8 分）

（1）请使用 SIEMENS 指令完成如附图 2-1 所示图纸的精加工程序。（4 分）

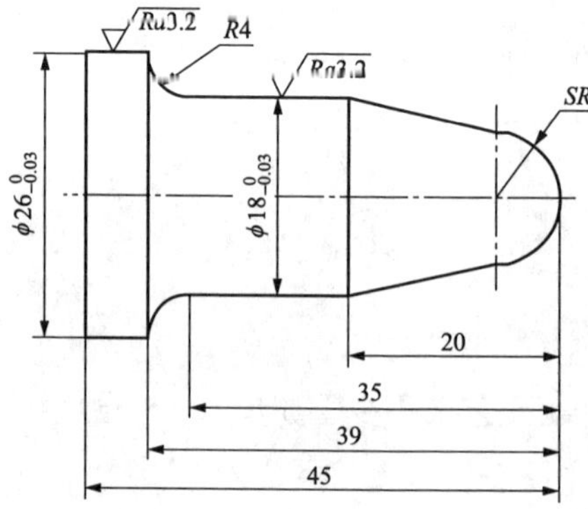

附图 2-1

第一行：G00 X0

第二行：G01 Z0

第三行：________________

第四行：________________

第五行：________________

第六行：________________

第七行：________________

第八行：G01 X30

（2）使用 KND 数控铣床操作系统，自主设计零件图，手绘在下面空白处。毛坯材料为ϕ80mm 尼龙棒，铣削深度为 1mm，转速为低速挡 S1，进给速度为 100mm/min，写出铣削顺序，不考虑刀具半径补偿，编写完整的数控程序。要求程序中必须包含顺时针与逆时针圆弧插补指令，根据程序的复杂程度与创新程度酌情给分。（4 分）

实训报告三　特　种　加　工

一、填空题（每题 1 分，共 5 分）

（1）特种加工与传统加工的本质区别为______________________________。

（2）激光切割雕刻机可用于____________和____________，主要应用____________能和____________能进行加工。

（3）激光是一种受激辐射而产生的加强光，具有__________、___________、___________和____________四大特征。

（4）电火花线切割机床的型号 DK7750 中，D 表示____________，K 表示数控装置，第一个 7 表示____________，第二个 7 表示____________，50 表示____________。

（5）电火花加工的表面质量主要是指被加工零件的____________、____________和表面力学性能。

二、简答题（共 6 分）

（1）激光切割雕刻机主要由哪五部分组成？简述其加工流程。（2 分）

（2）电火花加工主要有哪几种类型？简述产生电火花的条件。（2 分）

（3）简述激光打标机的加工流程。（2 分）

三、分析题（7 分）

分析快走丝线切割和慢走丝线切割的异同点。

附表 3-1　快走丝线切割和慢走丝线切割的异同点

项目	快走丝线切割	慢走丝线切割
加工原理		
走丝速度（m/s）		
走丝方向		
电极丝		
工作液		
表面粗糙度 *Ra*（μm）		
加工精度（mm）		

实训报告四 钳 工

一、填空题（每题 1 分，共 5 分）

（1）钳工的基本操作有____________、____________、____________、____________、____________、____________等。

（2）手锯由__________和____________组成。

（3）锉刀粗细的选择取决于__________________。

（4）平面锉削的基本方法有____________、____________、____________；锉削余量较大的平面时用____________锉法。

（5）在零件图上用来确定其他点、线、面位置的基准，称为____________基准。

二、简答题（共 5 分）

（1）什么是划线？划线的主要作用是什么？（3 分）

（2）简述使用台虎钳的注意事项。（2 分）

三、工艺题（8 分）

分析钳工实训中所制作工件的加工过程，并写出工艺流程。

实训报告五　热　加　工

一、填空题（每题 1 分，共 8 分）

（1）砂型铸造中，型（芯）砂一般由____________、____________、____________和____________按一定比例配制而成。

（2）砂型铸造的型（芯）砂一般应具备____________、____________、____________、____________、____________等基本性能。

（3）铸型中，金属液体流经的通道称为浇注系统，典型的浇注系统由____________、____________、____________和____________四部分组成，其中与铸件直接相连的部分是____________。

（4）按照焊接工艺特点及焊接过程中金属所处状态的不同，可以将焊接分为____________、____________和____________三类。

（5）手弧焊机按输出电流的性质分____________弧焊机和____________弧焊机两种。

（6）电弧由阴极区、____________和____________三部分组成。

（7）使用直流焊机进行焊接时有两种接法，如附图 5-1 所示。

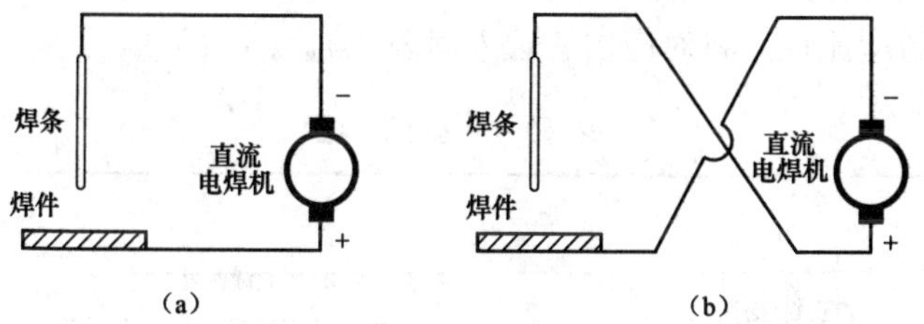

附图 5-1

1）图（a）为____________接法，图（b）为____________接法。

2）焊接厚板时，常采用直流____________；焊接薄板时，常采用直流____________。

（8）焊条电弧焊常见焊接接头形式有____________、____________、____________和____________等，常见对接接头的坡口型式有____________、____________、____________和____________四种。

二、简答题（共 6 分）

（1）简述模样、铸件、零件在尺寸、形状和结构上有什么不同。（2 分）

（2）简述电焊条的组成及各部分的作用。（2 分）

（3）结合实训实践，写出两种以上常见焊接缺陷并分析产生原因。（2 分）

三、分析题（共 4 分）

分析图示挖砂造型流程，将对应内容填入附表 5-1。（4 分）

附表 5-1 **挖砂造型流程**

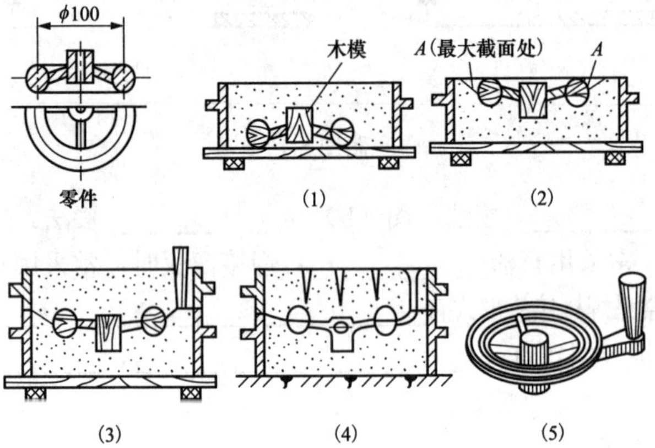

挖砂造型、铸造过程

序号	工作内容	工具	操作要点
1	将模型放入下砂箱中，填砂紧实	铲子、筛子砂舂	合理布局模型，为内浇道和横浇道开设预留空间，充分利用砂箱宽度
2			
3			
4			
5		手锯、砂轮机	留下足够加工余量

实 训 小 结

（1）通过工程实训你有哪些收获和体会？五个大组的实训项目都有什么收获？（不少于300字）（6分）

（2）谈谈你印象最深的实训指导老师（教学方法、态度、效果、责任感等方面）。（2分）

（3）谈谈你对本次工程实训的意见和建议。（2分）

"十四五"普通高等教育本科系列教材

GONGCHENG SHIXUN ZHIDAOSHU

工程实训指导书

主　编　胡兴河　时慧喆
副主编　贝广霞　蒋忠赟　胡校苹
　　　　刘云侠
编　写　王雪梅　李安邦　张广宇
　　　　陈　龙　孟　强　姜　蓉
　　　　曹志凯　封　超　李红娟
主　审　汪宗泉　林金钟

中国电力出版社
CHINA ELECTRIC POWER PRESS

内容提要

本书根据教育部工程材料及机械制造基础课程教学指导组制订的“普通高校工程材料及机械制造基础系列课程教学基本要求”编写，主要有五个实训项目，包括车削加工训练、数控加工训练、特种加工训练、钳工技能训练和热加工训练。

本书可作为高等院校机械设计制造及其自动化、机械电子工程、过程装备与控制工程、安全工程等专业的工程实训指导书，也可供其他专业师生参考使用。

图书在版编目（CIP）数据

工程实训指导书/胡兴河，时慧喆主编．—北京：中国电力出版社，2021.8（2025.8 重印）

“十四五”普通高等教育本科系列教材

ISBN 978-7-5198-5714-1

Ⅰ．①工…　Ⅱ．①胡…　②时…　Ⅲ．①工程技术－高等学校－教学参考资料　Ⅳ．①TB1

中国版本图书馆 CIP 数据核字（2021）第 108728 号

出版发行：中国电力出版社
地　　址：北京市东城区北京站西街 19 号（邮政编码 100005）
网　　址：http://www.cepp.sgcc.com.cn
责任编辑：周巧玲（010-63412539）
责任校对：黄　蓓　马　宁
装帧设计：郝晓燕
责任印制：吴　迪

印　　刷：廊坊市文峰档案印务有限公司
版　　次：2021 年 8 月第一版
印　　次：2025 年 8 月北京第九次印刷
开　　本：787 毫米×1092 毫米　16 开本
印　　张：7.5
字　　数：172 千字
定　　价：20.00 元

前　言

工程实训教学是本科教学计划的重要部分，它是培养学生解决实际问题的课堂，是培养具有专业知识人才的摇篮，旨在培养学生的实践能力和创新能力，开拓视野，培养生产实际中研究、观察、分析、解决问题的能力。

学生在工程实训中应该深入实际，认真观察，获取直接经验知识，保质保量地完成实训指导老师所布置的任务，学习实训指导教师和工程技术人员勤劳刻苦的优秀品质和敬业奉献的良好作风。通过工程实训，进一步了解专业技能知识。通过接触实际生产过程，一方面，可以让学生对所学专业的性质、内容及其在工程技术领域中的地位有一定的认识，为了解和巩固专业思想创造条件，在实践中了解专业、熟悉专业、热爱专业；另一方面，可以让学生的专业技能知识更加扎实，专业技能更加过硬，更加善于解决实际的工程问题。

本书以山东科技大学工程实训中心的生产实习设备为基础编写，为参加工程实训课程的学生提供理论上的支撑、实训过程中的操作指导、实训后的经验总结。本书由胡兴河、时慧喆任主编，贝广霞、蒋忠贇、胡校苹、刘云侠任副主编。具体编写分工如下：实训项目一由孟强、时慧喆编写；实训项目二由李安邦、曹志凯、王雪梅编写；实训项目三由刘云侠、蒋忠贇、胡校苹编写；实训项目四由张广宇、贝广霞、封超编写；实训项目五由陈龙、姜蓉、李红娟编写。

本书由山东科技大学汪宗泉、林金钟主审。本书的编写还得到了很多老师傅的大力支持，在此一并表示感谢。

因编者水平有限，书中难免有疏漏之处，请广大读者批评指正。

编　者

2021 年 5 月

目　　录

前言

实训项目一　车削加工训练……1
一、车工工种介绍……1
二、车工操作安全注意事项……2
三、实训设备、工具、量具等介绍……2
四、车床的调整及手柄……11
五、车工实训操作内容……12
六、车工车削练习内容……15
实训项目二　数控加工训练……21
第一部分　数控车床训练……21
一、数控车床介绍……21
二、数控车床安全操作注意事项……21
三、数控车床结构……22
四、数控车床操作系统……23
五、数控车床安全操作流程（实操练习内容）……24
第二部分　数控铣床训练……38
一、数控铣床简介……38
二、数控铣床安全操作注意事项……38
三、数控铣床结构……39
四、数控铣床操作系统……39
五、数控铣床安全操作流程（实操练习内容）……40
实训项目三　特种加工训练……47
第一部分　电火花加工训练……48
一、电火花加工介绍……48
二、电火花线切割加工……50
三、快走丝线切割加工……52
四、慢走丝线切割加工……54
五、电火花成型加工……59
六、高速细孔放电加工机……62
第二部分　激光加工训练……65
一、激光加工训练……65

二、激光切割雕刻机……66
三、激光打标机……71
实训项目四　钳工技能训练……74
一、钳工实训介绍……74
二、钳工实训目标……74
三、钳工实训要求……74
四、钳工实训内容……74
五、自主设计……82
实训项目五　热加工训练……83
第一部分　铸造技能实训……83
一、铸造实训介绍……83
二、铸造实训目标……83
三、铸造实训要求……83
四、铸造实训内容……83
五、铸造实训步骤与加工方法……84
六、铸造实训注意事项……86
第二部分　焊接技能实训……87
一、焊接技术概论……87
二、手工电弧焊……88
三、其他焊接方法简介……93
四、常见焊接缺陷及焊接变形……95
五、实习的基本内容……97
参考文献……98

实训项目一　车削加工训练

一、车工工种介绍

车工，即车削加工，属于机械加工的一部分，主要是指用车刀对旋转的工件进行车削加工，用于加工轴、盘、套和其他具有回转表面的工件，车床的用途如图 1-1 所示。车床是机械制造和修配工厂中使用最广的一类机床，铣床和钻床等旋转加工机床都是从车床引申出来的。

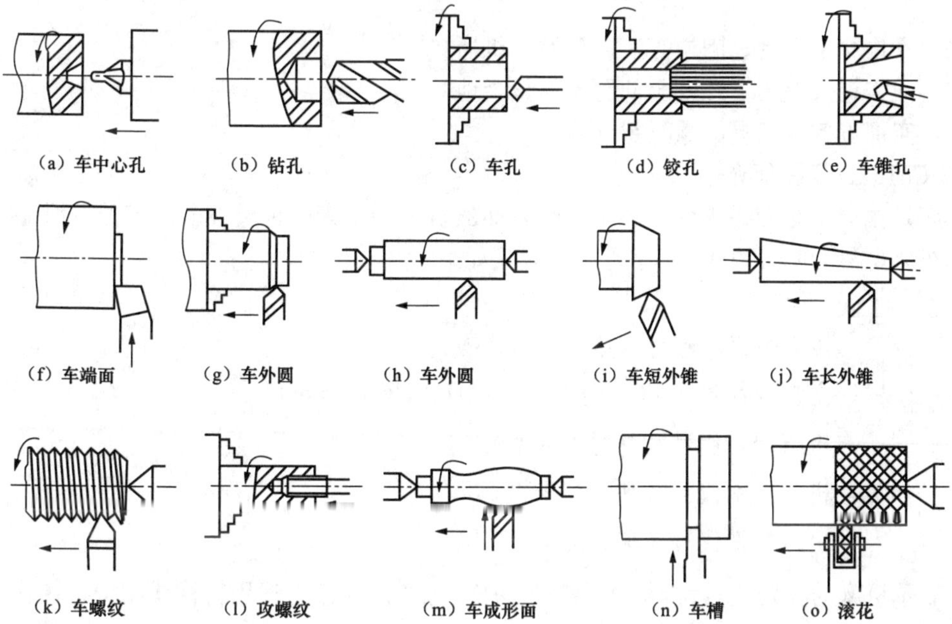

图 1-1　车床的用途

在各种金属切削类机床中，车床种类约占总数的一半。在实际生产中，一个普通生产车间中车床数量约占机床总数的 30%，车削加工可满足大批量生产、单件小批量生产及机械维护修理等多种要求，在机械加工中占有十分重要的位置。车削加工的优点如下：

（1）加工范围广。凡是有回转面的零件都可以用车床加工，主要用于加工轴、盘、套类零件。

（2）适应性强。车削加工适应于多种材料、多种表面、多种尺寸和多种精度，不论是单件小批量还是成批生产都可使用车床加工。单件小批量，用普通车床即可满足，成本小；大批量生产可采用数控车床，节约时间，保证质量。

（3）加工精度较高。车削加工主运动单向连续，切削层公称横截面积不变，切削力变化小。因此，车削过程稳定，加工精度较高，一般为 IT8～IT7，表面粗糙度 *Ra* 值可达 1.6～0.8μm。

（4）生产率较高。车削加工时工件的回转运动不受惯性力的限制，加工过程中车刀与工件始终接触，基本上无冲击现象，可以采用很高的切削速度。另外，车刀伸出刀架的长度可以很短，车刀的尺寸可以较大，工艺系统的刚度好，可以采用很大的背吃刀量和进给量。

（5）生产成本较低。车刀结构简单，制造、刃磨和安装都比较方便。另外，许多车床夹具已作为附件生产，生产准备时间短。

二、车工操作安全注意事项

（1）操作人员应穿工作服，袖口应扣紧，防止飘逸的衣物意外卷入旋转的机器。不穿工作服不准上机操作。

（2）将长头发盘好塞入帽子。

（3）实际操作人员须戴平光镜，防止高温铁屑进入眼内。

（4）不准穿有领绳、袖口宽大不能系扣的衣服，不准戴耳机。

（5）要穿防护能力强的鞋（运动鞋，登山鞋等），不准穿高跟鞋、凉鞋、拖鞋，注意系好鞋带。

（6）不许穿戴手套、围巾等，以免卷入机器。

出事故实训成绩为零！安全问题无商量余地！

三、实训设备、工具、量具等介绍

1. C6132D 车床简介

车床是主要用车刀在工件上加工旋转表面的机床，车床的种类很多，工程实训中心实训使用的车床型号为 C6132D，其字母表示含义如下：

C 6 1 32 D

- D — 重大改进顺序号（第四次重大改进）
- 32 — 主参数代号（最大车削直径的1/10，即320mm）
- 1 — 机床型别代号（普通车床型）
- 6 — 机床组别代号（卧式车床组）
- C — 机床类别代号（车床类）

C 表示机床的类别代号为“车”，代表车床。因为后面没有通用特性或结构特性代号，所以本车床是一台普通型车床。

61 表示该车床的组别和系别，前者表示组，后者表示系。每类机床划分为 10 个组，每个组又划分为 10 个系。在同一类机床中，凡主要布局或使用范围基本相同的机床，即为同一组。凡在同一组机床中，若其主参数相同、主要结构及布局形式相同的机床，即为同一系。6 表示该车床为卧式车床组，1 表示该车床为 1 系列。

32 表示机床的主参数。机床主参数代表机床规格的大小，在机床型号中，用数字给出主参数的折算数值（1/10 或 1/150）。32 的含义是该车床能够加工的工件最大回转直径是 320mm。

D 表示机床的重大改进顺序号，当机床的性能和结构有重大改进，并按新产品重新设计、试制和鉴定时，在原机床型号的尾部加重大改进序号以示区别。序号按 A、B、C 的字母顺序选用。

2. C6132D 车床组成

C6132D 车床主要组成部分包括床身、床腿、主轴箱、进给箱、变速箱、溜板箱、大溜板、中溜板、小溜板、方刀架、尾座、光杠、丝杠。

床身：用于支撑和连接车床的各个部件，并保证各部件在工作时有准确的相对位置。床身上有两条精度很高的山形导轨和两条平导轨，用来引导方刀架和尾座相对于主轴做正确的移动。导轨下方的齿条为大溜板纵向移动提供支撑。

床腿：与地基相连，支撑整个床身。床腿内有冷却液箱，容纳冷却液、润滑液。床腿上从左向右安装有电源开关指示灯、电源开关、冷却液开关和紧急制动开关。

使用紧急制动旋钮时，用手掌直接拍下去即可使电机断电，复位时需将旋钮沿着指示箭头方向顺时针转动，旋钮会自动弹出。严禁用脚去踩制动旋钮。

主轴箱：又称床头箱，内装主轴和变速、传动机构，它的主要作用是支撑主轴，并将变速箱传来的 6 种不同转速经高低速手柄控制的变速机构转变为 12 种转速传递给主轴，使主轴得以带动工件按规定的转速旋转，以实现主运动。同时通过正反送刀手柄控制主轴箱内的传动齿轮带动配换齿轮将运动传给进给箱。主轴箱中的主轴是车床的关键零件，主轴在轴承上运转的平稳性直接影响工件的加工质量，一旦主轴的旋转精度降低，机床的使用价值也会降低。

高低速手柄有高速、低速、空挡三个挡位，在操作时严禁使用高速挡。

进给箱：又称走刀箱，装有进给运动的变速机构，它的主要作用是通过其内部的齿轮机构将主轴的旋转运动传递给光杠或丝杠，再通过光杠或丝杠将运动传至溜板箱和刀架以进行切削。改变箱体外的两个手柄位置可以调整其变速机构，得到所需的进给量或改变所加工螺纹的螺距和导程。

变速箱：起变速作用。由电动机带动变速箱内的齿轮轴转动，通过改变变速箱长、短手柄的位置变换变速箱内的齿轮搭配（啮合）方式，从而得到 6 种不同的转速。

溜板箱：位于床身前面，大溜板下方，与大溜板一起做纵向移动。溜板箱是车床进给运动的操纵箱，内部的传动机构可以将光杠和丝杠的旋转运动转变成大溜板、中溜板的纵向/横向直线运动，通过光杠传动实现刀架的纵向进给运动、横向进给运动和快速移动，通过丝杠带动刀架做纵向直线运动，以便车削螺纹。

大溜板：大溜板是带动车刀沿导轨方向做平行于主轴中心线的纵向走刀运动的机构，主要控制车刀做横向移动车削时的吃刀深度（背吃刀量），摇动溜板箱左侧的大手轮可以使大溜板快速地左右移动。在大手轮上方有一个随其转动的刻度盘，盘上共有 200 个刻度格，每个小格代表 1mm。刻度盘每转动 1 个格，大溜板就在导轨上对应前进或后退 1mm。

中溜板：中溜板安装在大溜板的中导轨上，可沿着中导轨做垂直于主轴中心线的横向进给，主要用来控制车刀在车端面、切断/切槽、车削外圆和内孔时的吃刀深度。中溜板的刻度盘装在中溜板摇柄上，共 200 格，每格 0.02mm。注意，中溜板车削工件外圆时车刀每进一格工件直径减小 0.04mm。

小溜板：小溜板控制车端面时做纵向进给方向上的微量进给，车削较短的工件和锥度工件，不能自动走刀。小溜板尾部摇柄上有一刻度盘，刻值 1 格为 0.05mm。

方刀架：固定在小溜板上，用于装夹刀具，松开刀架手柄即可逆时针方向转动刀架，把需要的车刀转到工作位置。方刀架最多可同时装夹 4 把车刀，但由于不同车刀形状和装夹方向不同会互相影响，因此很少将 4 个刀位装满。注意，松开刀架手柄时需用掌跟部位沿手柄旋转切线方向轻撞几次，刀架不要一直逆时针转动，否则会将刀架手柄卸下。刀架的组成如图 1-2 所示。

尾座：安装在床身导轨的尾部，可沿专用导轨左右滑动。尾座有两个作用，当加工长轴型工件时，在套筒内安装顶尖支顶工件尾端，或在套筒内安装中心钻、麻花钻、铰刀等刀具加工内孔。尾座的结构组成如图 1-3 所示。

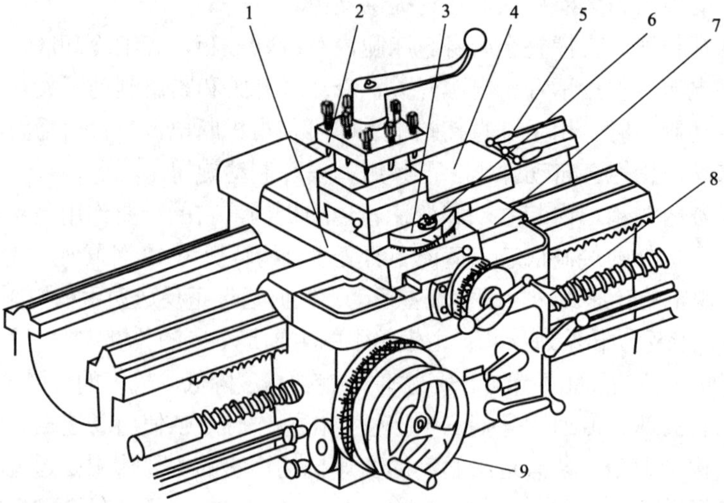

图 1-2　刀架的组成

1—中溜板；2—方刀架；3—转盘；4—小溜板；5—小溜板手柄；6—固定螺丝；7—床鞍；8—中溜板手柄；9—手轮

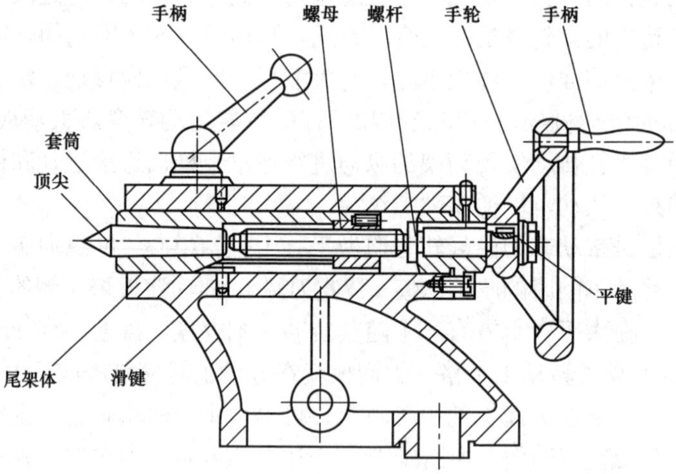

图 1-3　尾座的结构组成

光杠、丝杠：光杠与丝杠是两根传动杠，位于机床导轨下方。其上带有螺纹的是丝杠，只有一个长键槽的是光杠。它们的主要作用是连接进给箱与溜板箱，并把进给箱的动力传递给溜板箱，使大溜板和中溜板获得纵向和横向直线运动。光杠为车削外圆、端面、沟槽等所有非螺纹面时车刀的机动进给传递动力，而丝杠是专门用于车削各种螺纹时为车刀的机动进给传递动力，它能使溜板带动车刀按要求的速比做精确的直线运动。注意，在进行工件的非螺纹面车削时，只能用光杠，不用丝杠。

3. 车刀

（1）车刀的组成。车刀是由刀头（切削部分）和刀体（夹持部分）所组成。如图 1-4 所示，车刀的切削部分是由三面、二刃、一尖所组成。

三面，即前面（切削流出的表面）、主后面（与加工表面相对的面）、副后面（与已加工表面相对的面）；两刃，即主切削刃（前面与主后面的交线）、副切削刃（前面与副后面的交线）；一尖，即刀尖（主切削刃与副切削刃的交点）。

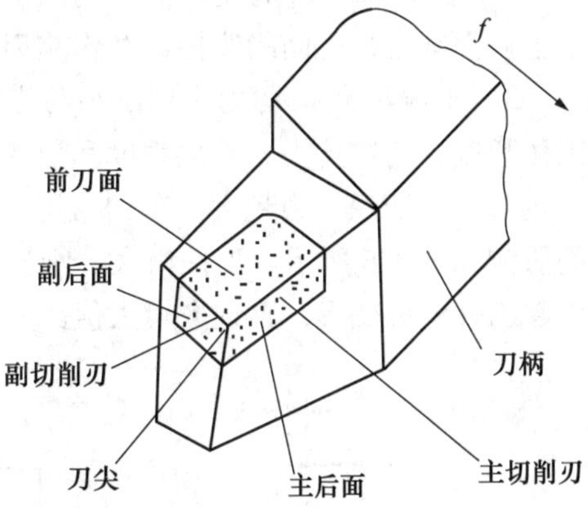

图 1-4 车刀的组成

（2）常用刀具材料。常用刀具材料有高速钢和硬质合金。高速钢是一种高合金钢，俗称白钢、锋钢、风钢等。其强度、冲击韧度、工艺性很好，是制造复杂形状刀具的主要材料，如成形车刀、麻花钻头、铣刀、齿轮刀具等。高速钢的耐热性不高，在 640℃左右时其硬度下降，不能进行高速切削。硬质合金是将耐热高和耐磨性好的碳化物，以钴为黏结剂，采用粉末冶金的方法压制成各种形状的刀片，然后用铜钎焊的方法焊在刀头上作为切削刀具的材料。硬质合金的耐磨性和硬度比高速钢高得多，但塑性和冲击韧度不及高速钢。

刀具材料应具备以下性能：

1）高硬度和好的耐磨性（冷硬性）。刀具材料的硬度必须高于被加工材料的硬度才能切削金属。一般刀具材料的硬度应在 60HRC 以上。刀具材料越硬，其耐磨性就越好。

2）足够的强度与冲击韧度。强度是指在切削力的作用下，不至于发生刀刃崩碎与刀杆折断所具备的性能。冲击韧度是指刀具材料在有冲击或间断切削的工作条件下，保证不崩刃的能力。

3）高的耐热性。耐热性又称红硬性，是衡量刀具材料性能的主要指标，它综合反映了刀具材料在高温下仍能保持高硬度、耐磨性、强度、抗氧化、抗黏结和抗扩散的能力。

4）良好的工艺性和经济性，适应加工方法的性能。

（3）车刀角度。车刀的主要角度有前角γ_0、后角α_0、主偏角κ_r、副偏角κ_r'和刃倾角λ_s。外圆车刀的主要角度如图 1-5 所示。

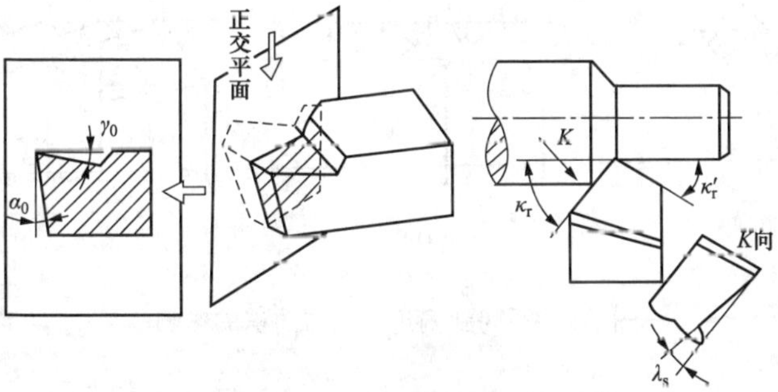

图 1-5 外圆车刀的主要角度

1）前角γ_0。γ_0为前刀面与基面之间的夹角，表示前刀面的倾斜程度。前角可分为正、负、零，前刀面在基面之下则前角为正值，反之为负值，相重合为零。增大前角，可使刀刃锋利、切削力降低、切削温度低、刀具磨损小、表面加工质量高。但过大的前角会使刃口强度降低，容易造成刃口损坏。用硬质合金车刀加工钢件（塑性材料等），一般选取γ_0=10°～20°；加工灰口铸铁（脆性材料等），一般选取γ_0=5°～15°。精加工时，可取较大的前角，粗加工应取较小的前角。工件材料的强度和硬度大时，前角取较小值，有时甚至取负值。

2）后角α_0。α_0 为主后面与切削平面之间的夹角，表示主后面的倾斜程度。后角用来减小主后面与工件之间的摩擦，并影响刃口的强度和锋利程度，一般取$\alpha_0=6°\sim8°$。

3）主偏角κ_r。κ_r 为主切削刃与进给方向在基面上投影间的夹角。主偏角影响切削刃的工作长度、切深抗力、刀尖强度和散热条件。主偏角越小，则切削刃工作长度越长，散热条件越好，但切深抗力越大。车刀常用的主偏角有 45°、60°、75°、90°，不同主偏角对背向力的影响如图 1-6 所示。工件粗大、刚性好时，可取较小值；车细长轴时，为了减小径向力而引起工件弯曲变形，宜选取较大值。

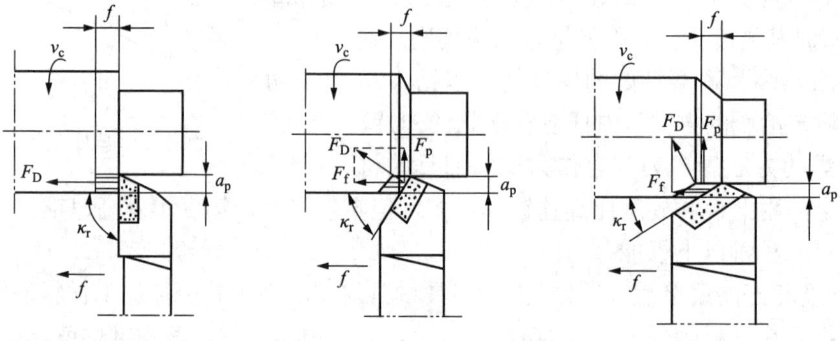

（a）κ_r=90°　（b）κ_r=60°　（c）κ_r=30°

图 1-6　不同主偏角对背向力的影响

4）副偏角κ_r'。κ_r' 为副切削刃与进给方向在基面上投影间的夹角。副偏角影响已加工表面的表面粗糙度，减小副偏角可使已加工表面光洁。不同副偏角对残留面积的影响如图 1-7 所示。一般取$\kappa_r'=5°\sim15°$，精车时取$\kappa_r'=5°\sim10°$，粗车时取$\kappa_r'=10°\sim15°$。

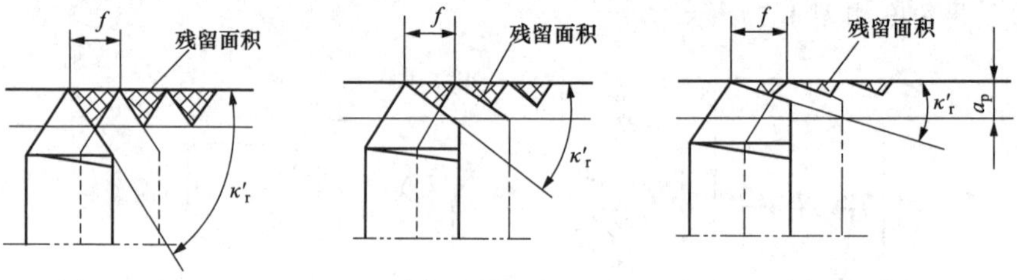

（a）κ_r'=60°　（b）κ_r'=30°　（c）κ_r'=15°

图 1-7　不同副偏角对残留面积的影响

5）刃倾角λ_s。主切削刃与基面间的夹角，刀尖为切削刃最高点时为正值，反之为负值。刃倾角主要影响主切削刃的强度和控制切屑流出的方向。以刀杆底面为基准，当刀尖为主切削刃最高点时，λ_s 为正值，切屑流向待加工表面；当主切削刃与刀杆底面平行时，$\lambda_s=0°$，切屑沿着垂直于主切削刃的方向流出；当刀尖为主切削刃最低点时，λ_s 为负值，切屑流向已加工表面。刃倾角λ_s一般在 0°～±5°范围内选择。粗加工常取负值，虽切屑流向已加工表面，但保证了主切削刃的强度好；精加工常取正值，使切屑流向待加工表面，从而不会划伤已加工表面的质量。

（4）车刀的种类。从结构上分，车刀可分为整体车刀、焊接车刀、机夹车刀、可转位车刀和成形车刀等，如图 1-8 所示。

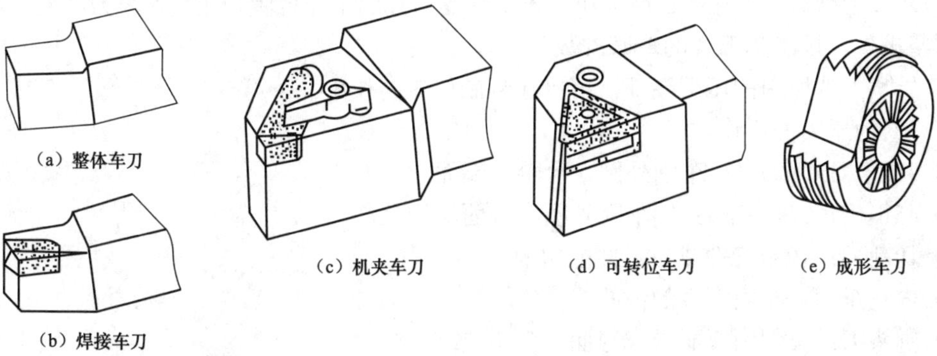

图 1-8　车刀的种类

1）整体车刀。整体车刀刀头的切削部分是靠刃磨得到的，多用高速钢制成，一般用于低速切削。

2）焊接车刀。焊接车刀将硬质合金刀片焊在刀头部位，不同种类的车刀可使用不同形状的刀片。焊接的硬质合金车刀，可用于高速切削。

3）机夹车刀。机夹车刀是采用普通刀片，用机械夹固的方法将刀片夹持在刀杆上使用的车刀。常见的机夹车刀按装夹方式可分 S 类夹紧、P 类夹紧和 M 类夹紧三类，机夹车刀种类如图 1-9 所示。机夹车刀有以下几个特点：

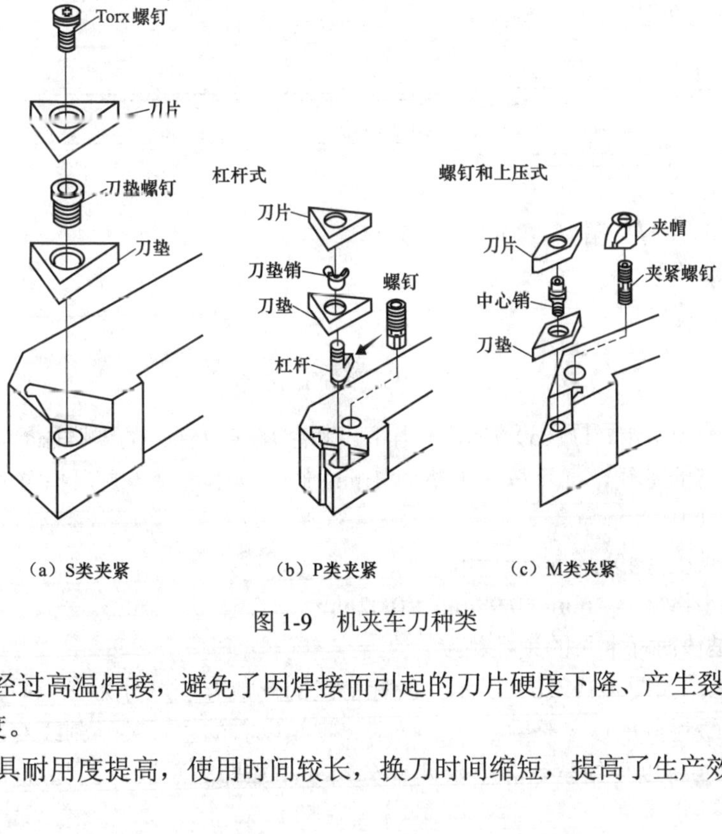

图 1-9　机夹车刀种类

a．刀片不经过高温焊接，避免了因焊接而引起的刀片硬度下降、产生裂纹等缺陷，提高了刀具的耐用度。

b．由于刀具耐用度提高，使用时间较长，换刀时间缩短，提高了生产效率。

c. 刀杆可重复使用，既节省了钢材又提高了刀片的利用率，刀片由制造厂家回收再制，提高了经济效益，降低了刀具成本。

d. 刀片重磨后，尺寸会逐渐变小，为了恢复刀片的工作位置，往往在车刀结构上设有刀片的调整机构，以增加刀片的重磨次数。

e. 压紧刀片所用的压板端部，可以起到断屑器的作用。

（5）其他车刀的用途。

1）90°车刀（偏刀）：车削外圆、台阶和端面。

2）45°车刀（弯头车刀）：车削外圆、端面和倒角。

3）切断刀：切断工件或在工件上切槽。

4）内孔车刀：车削工件的内孔。

5）圆头刀：车削圆弧面或成形面。

6）螺纹车刀：车削螺纹。

4. 常用量具的结构和使用方法

（1）游标卡尺。游标卡尺是一种比较精密的量具，可以直接测量工件的内径、外径、宽度和深度等，如图 1-10 所示。按照读数的准确程度，游标卡尺可分为 1/10、1/20 和 1/50 三种。它们的读数准确程度分别是 0.1、0.05、0.02mm。游标卡尺的测量范围有 0～125mm，0～200mm，0～300mm 等数种规格。以 1/50 游标卡尺为例，其刻度线原理和读数方法如图 1-10 所示。

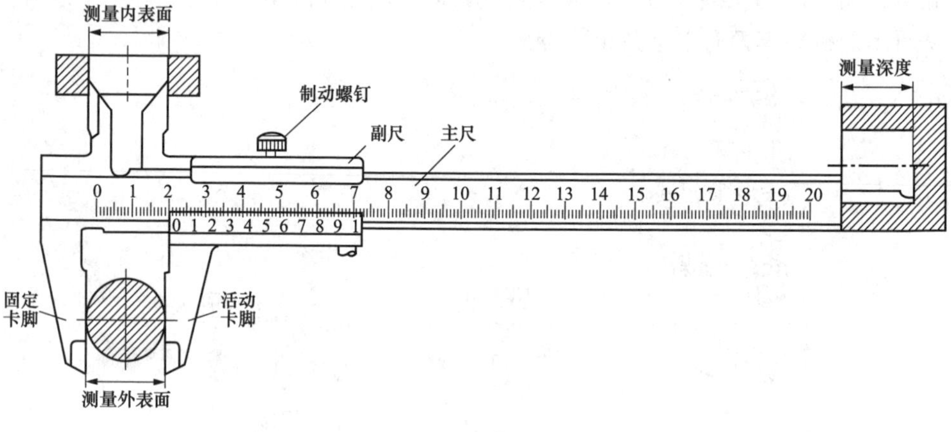

图 1-10 游标卡尺

1）刻线原理。如图 1-11（a）所示，当主尺和副尺（游标）的卡脚贴合时，在主尺、副尺上刻一上下对准的零线，主尺按每小格为 1mm 刻线，在副尺与主尺相对应的 49mm 长度上等分 50 小格，则

副尺每小格长度＝49mm/50mm＝0.98mm

主、副尺每小格之差 1mm－0.98mm＝0.02mm

0.02mm 就是该游标卡尺的读数精度。

2）读数方法。如图 1-11（b）所示，游标卡尺的读数方法可分为三步：①根据副尺零线以左的主尺上的最近刻度读出整数；②根据副尺零线以右的主尺某一刻线对准的刻度线乘以 0.02 读出小数；③将以上的整数和小数两部分尺寸相加即为总尺寸。如图 1-11 中的读数为

23mm＋12×0.02mm＝23.24mm。

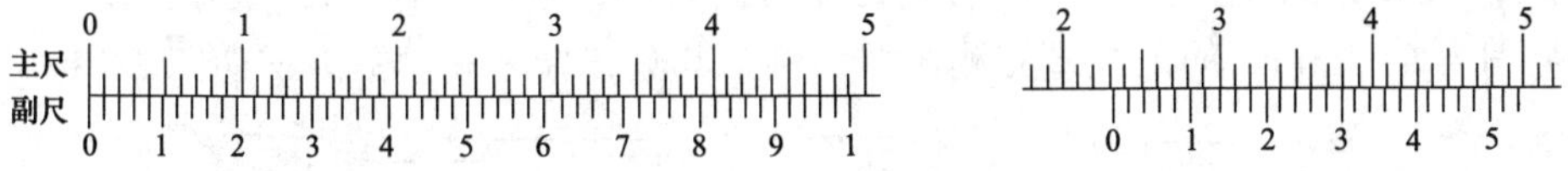

（a）　（b）

图 1-11　游标卡尺读数

3）使用方法。游标卡尺的使用方法如图 1-12 所示。用游标卡尺测量工件时，应使卡角逐渐与工件表面靠近，最后达到轻微接触。还要注意游标卡尺必须放正，切忌歪斜，以免测量不准。

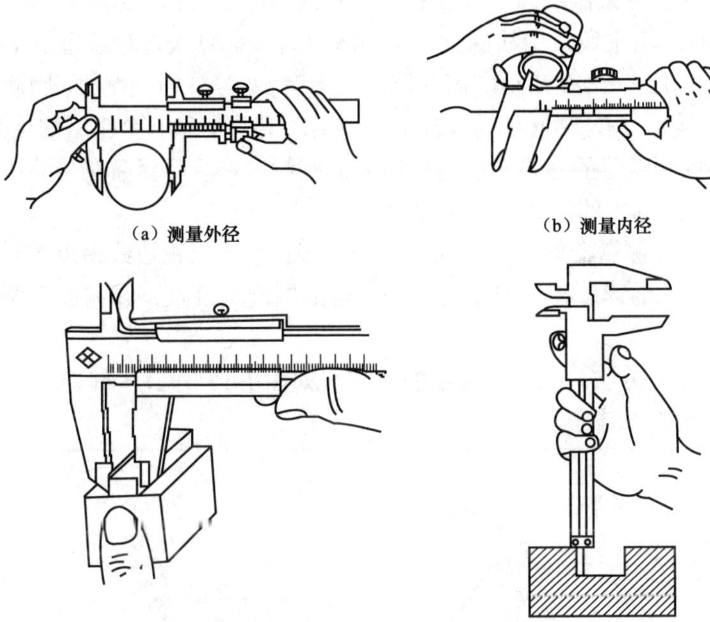

（a）测量外径　（b）测量内径

（c）测量宽度　（d）测量深度

图 1-12　游标卡尺的使用方法

（2）螺旋测微器。螺旋测微器（见图 1-13）是比游标卡尺更为精确的测量工具，其测量准确度为 0.01mm，有外径螺旋测微仪、内径螺旋测微仪和深度螺旋测微仪等。外径螺旋测微

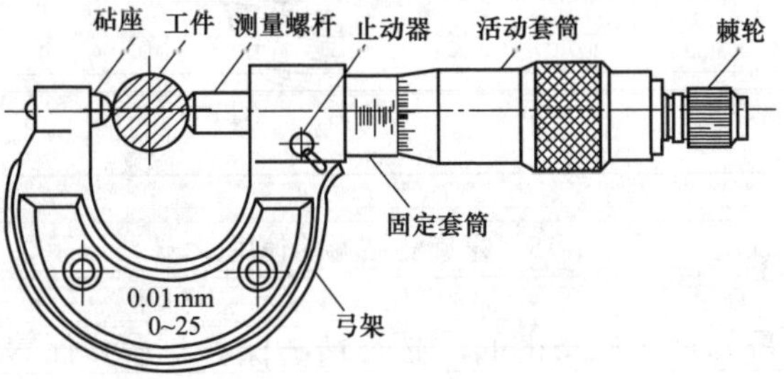

图 1-13　螺旋测微器

仪按其测量范围有 0～25mm，25～50mm，50～75mm，75～100mm，100～125mm 等多种规格，其螺杆与活动套筒连在一起，当转动活动套筒时，螺杆与活动套筒一起向左或向右移动。以测量范围为 0～25mm 的外径螺旋测微器为例，其刻线原理和读数方法如图 1-14 所示。

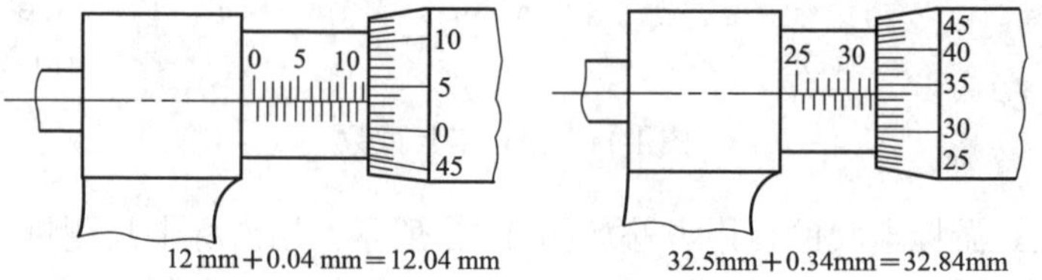

图 1-14　螺旋测微器读数方法

1）刻线原理。螺旋测微器的固定套筒和活动套筒相当于游标卡尺的主尺和副尺。固定套筒在轴线方向上刻有一条中线，中线的上、下方各刻有一排刻线，刻线每小格为 1mm，上、下两排刻线相互错开 0.5mm；在活动套筒左端圆周上有 50 等分的刻度线。因测量螺杆的螺距为 0.5mm，即螺杆每转一周，轴向移动 0.5mm，故活动套筒上每一个小格的读数值为 0.5mm/50＝0.01mm。当螺旋测微器的螺杆左端与砧座表面接触时，活动套筒左端的边线与轴向刻度线的零线重合，同时圆周上的零线应与中线对准。

2）读数方法。螺旋测微器的读数方法可分为三步：①读出距边线最近的轴向刻度数（应为 0.5mm 的整数倍）；②读出与轴向刻度中线重合的圆周刻度数；③将以上两部分读数加起来即为总尺寸。

3）螺旋测微器使用方法。螺旋测微器的使方法如图 1-15 所示，图（a）为测量小零件外径的方法，图（b）为在车床上测量工件的方法。

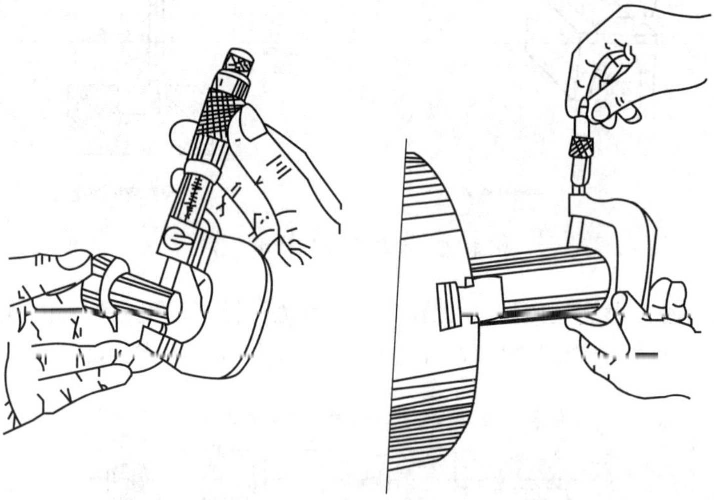

（a）　　（b）

图 1-15　螺旋测微器的使用方法

（3）量具的保养。量具是比较精密的，必须精心保养。量具保养的好坏直接影响它的使用寿命和测量精度。因此，使用量具时必须做到以下几点：

1）量具在使用前后必须擦拭干净，要妥善保管，不能乱扔、乱放。

2）不能用精密量具去测量毛坯或运动着的工件。

3）测量时不能用力过猛，也不能测量温度过高的工件。

四、车床的调整及手柄

C6132D 车床的调整及手柄如图 1-16 所示。

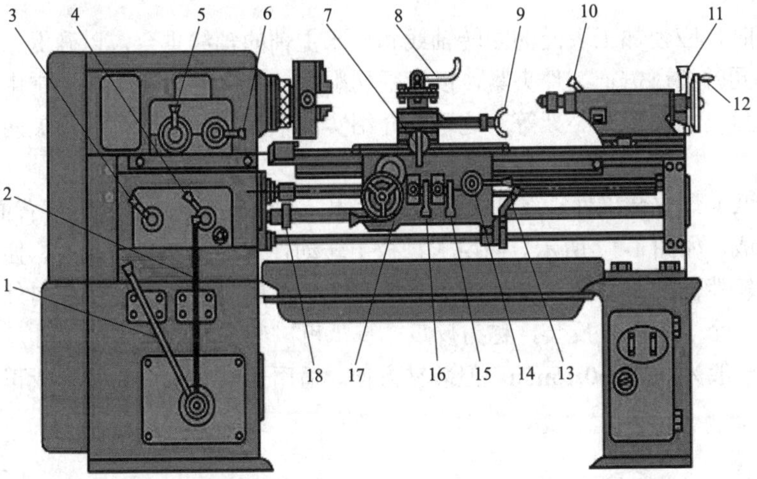

图 1-16　C6132D 车床的调整及手柄

1、2、6—主运动变速手柄；3、4—进给运动变速手柄；5—刀架左右移动的换向手柄；7—刀架横向手动手柄；8—方刀架锁紧手柄；9—小刀架移动手柄；10—尾座套筒锁紧手柄；11—尾座锁紧手柄；12—尾座套筒移动手轮；13—主轴正反转及停止手柄；14—螺纹手柄；15—刀架横向自动手柄；16—刀架纵向自动手柄；17—刀架纵向手动手轮；18—光杠、丝杠更换使用的离合器

车削时，为了正确、迅速地掌握切深，必须熟练使用中拖板和小拖板上的刻度盘。

1. 中溜板上的刻度盘

中拖板上的手柄、刻度盘和丝杠紧固在一起，丝杠螺母和中拖板紧固在一起。当手柄、刻度盘连带丝杠转动一周时，丝杠螺母、中拖板连带刀架移动一个螺距。因此，横向进给的距离（即切深）可根据刻度盘上的格数来计算。

一般刻度盘一周有 200 格，丝杠的螺距为 4mm，当刻度盘转动一格时，刀架横向移动的距离为 $4\div200=0.02$mm。因为工件是旋转的，所以工件直径的改变量是刀具进刀量的两位，即 0.04mm，当刻度盘转动 n 格时，刀架横向移动的距离为 $n\times0.02$mm，工件直径改变量为 $n\times0.04$mm；当要求工件半径改变量为 ΔR 时，刻度盘应转过 $\Delta R\div0.02$ 格，当要求工件直径改变量为 ΔD 时，刻度盘应转过 $\Delta D\div0.04$ 格。操作时必须注意由于丝杠和螺母之间存在间隙，进刻度时，如果刻度盘手柄转过了头，不能将刻度盘直接退回到所要的刻度，而是多退一些再进至所需刻度。

2. 小溜板上的刻度盘

小溜板上的刻度盘主要用于控制工件长度方向的尺寸，其刻度原理和使用方法与中拖板相同。但使用时应注意以下两个问题：

（1）小拖板刻度盘与中拖板刻度盘上的一格表示移动的距离可能不同，请确认刻度盘上的标识。

（2）中拖板是横向进刀，直径的改变量是两倍的进刀量；小拖板是纵向进刀，主要用于控制长度方向的尺寸，工件长度的改变量等于进刀量。

五、车工实训操作内容

1. 工件装夹

工件安装时，应使加工表面的回转轴线和车床主轴的轴线重合，以确保加工后的表面有正确的位置。同时，还需把工件夹紧，以承受切削力、重力等。在车床上常用的附件有三爪卡盘、四爪卡盘、顶尖、中心架等。这里只介绍实训中使用三爪卡盘和顶尖两种附件装夹工件的方法。

（1）用三爪卡盘安装工件。三爪卡盘由爪盘体、小锥齿轮、大锥齿轮（背面为平面螺纹）和三个卡爪组成，如图 1-17 所示。当用卡盘扳手转动任何一个小锥齿轮时，便带动大锥齿轮转动，大锥齿轮背面的平面螺纹就使三个卡爪同时等距离向中心靠拢或者向外张开，从而实现自动定心。三个卡爪可以反装，称为反爪。反爪可以装夹较大直径的工件。三爪卡盘的定心精度不高，一般为 0.05～0.15mm，但装夹方便。适用于安装截面为圆形或正六边形的短轴类或盘类工件。

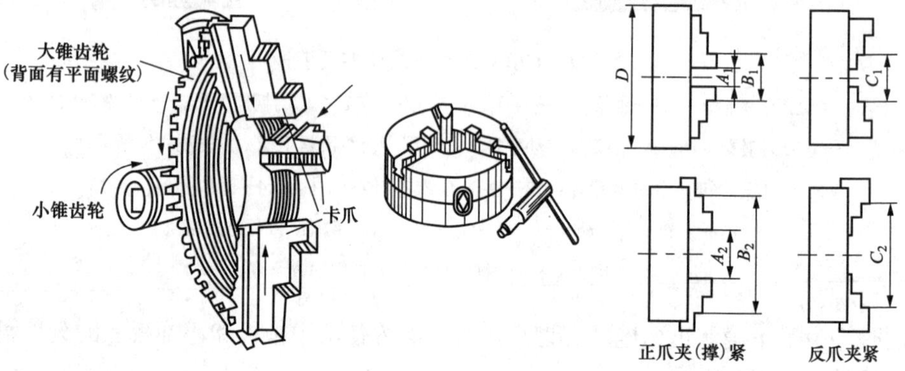

图 1-17 三爪卡盘

用三爪卡盘装夹工件时，工件必须放正。首先轻轻夹紧工件，用手扳动卡盘，检查刀架与卡盘有无碰撞；然后低速开车，观察工件歪斜偏摆的方向，也可用百分表找正，并做好记号；停车后轻敲工件校正，确认无偏摆后，夹紧工件，取下扳手，开车切削。工件的夹持长度一般不小于 10mm，但也不宜过长，否则会引起切削振动、顶弯工件或打刀。

（2）用顶尖安装工件。加工较长的轴和丝杠以及车削后需经铣削、磨削等加工的工件时，一般多采用前、后顶尖安装。主轴的旋转运动通过拨盘带动夹紧在轴端的卡箍（也称作鸡心夹头）传给工件，用顶尖安装工件的步骤如下：

1）在轴的两端钻中心孔。中心孔一般是在车床或钻床上用标准中心钻加工的，加工前应将轴端面车平。常用的中心孔有普通中心孔和双锥面中心孔。中心孔的 60°锥面与顶尖的锥面相配合，前面的小圆柱孔是为了保证顶尖和中心孔锥面能紧密接触，同时可储存润滑油。双锥面中心孔的 120°外锥面是防止 60°锥面被碰坏而影响与顶尖的配合。中心孔的尺寸是根据工件质量、直径大小来决定的，大而重的工件应选择较大的中心孔。具体选择可参阅有关中心孔的国家标准。

2）安装和校正顶尖。常用的顶尖有固定顶尖和回转顶尖两种，见图 1-18 和图 1-19。前顶尖可插在一个过渡专用锥套内，再将锥套插入主轴锥孔内，也可将其直接装入主轴锥孔内，并随主轴和工件一起旋转，故用不需淬火的固定顶尖。后顶尖装在尾座的套筒内，既可用固定顶尖，也可用回转顶尖。固定顶尖不随工件一起转动，会因摩擦发热而烧损、顶坏顶尖或中心孔，但安装工件比较稳固，精度较高。回转顶尖随工件一起转动，克服了固定顶尖的缺点，但安装工件不够稳固，精度较低。故一般粗加工、半精加工可用回转顶尖，精加工用淬火的固定顶尖，且应合理选择切削速度。

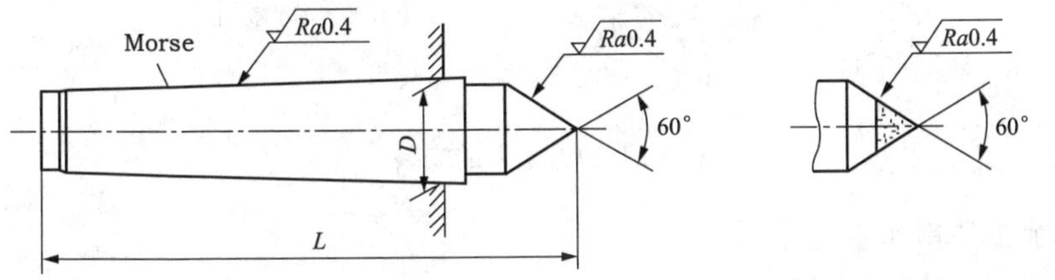

（a）普通固定顶尖　（b）镶硬质合金固定顶尖

图 1-18　固定顶尖

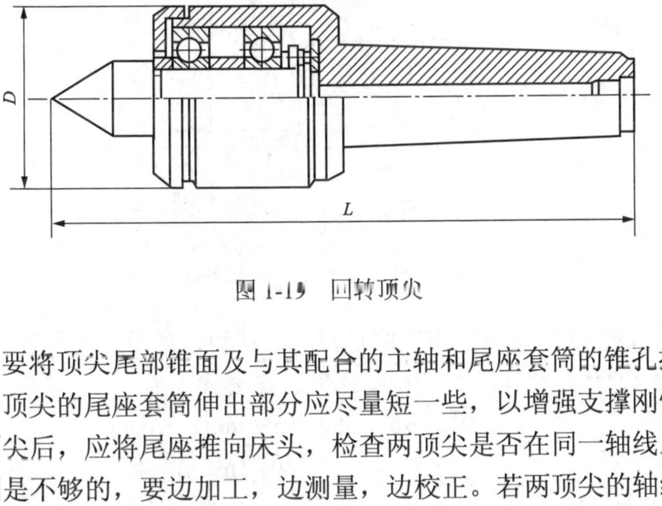

图 1-19　回转顶尖

安装顶尖前，要将顶尖尾部锥面及与其配合的主轴和尾座套筒的锥孔擦拭干净，然后装牢、装正。安装后顶尖的尾座套筒伸出部分应尽量短一些，以增强支撑刚性，避免切削时振动。安装好前后顶尖后，应将尾座推向床头，检查两顶尖是否在同一轴线上。对精度要求较高的轴，仅靠目测是不够的，要边加工，边测量，边校正。若两顶尖的轴线不重合，工件回转轴线与进给方向不平行，轴会被加工成锥体。

2. 车刀的安装

车刀必须正确牢固地安装在刀架上，车刀的安装如图 1-20 所示。

安装车刀应注意以下几点：

（1）刀头不宜伸出太长，否则切削时容易产生振动，影响工件加工精度和表面粗糙度。一般刀头伸出长度不超过刀杆厚度的两倍，能看见刀尖车削即可。

（2）刀尖应与车床主轴中心线等高。车刀装得太高，后角减小，则车刀的主后面会与工件产生强烈的摩擦；如果装得太低，前角减小，切削不顺利，会使刀尖崩碎。刀尖的高低可根据尾架顶尖的高低来调整。

（3）车刀底面的垫片要平整，并尽可能用厚垫片，以减少垫片数量。调整好刀尖高低后，至少要用两个螺钉交替将车刀拧紧。

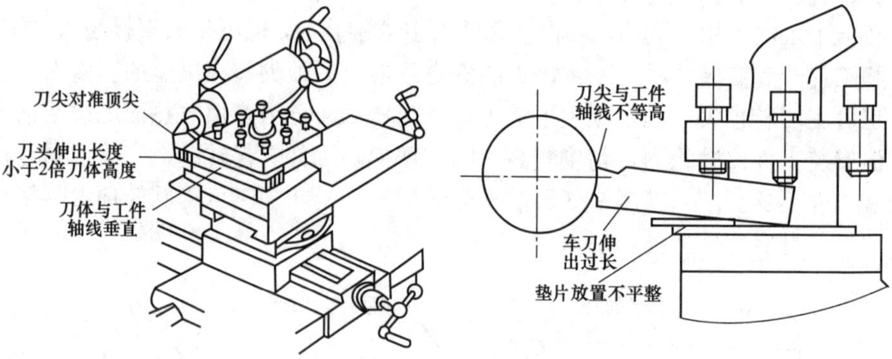

图 1-20 车刀的安装

3. 车削加工切削用量三要素

车削加工中，工件上同时形成三个表面，即待加工表面、过渡表面和已加工表面。车削用量三要素是指车削速度 v_c、进给量 f 和背吃刀量 a_p。车削外圆时车削用量三要素如图 1-21 所示。车削加工时，要根据加工条件合理选用 v_c、f、a_p 的具体数值。

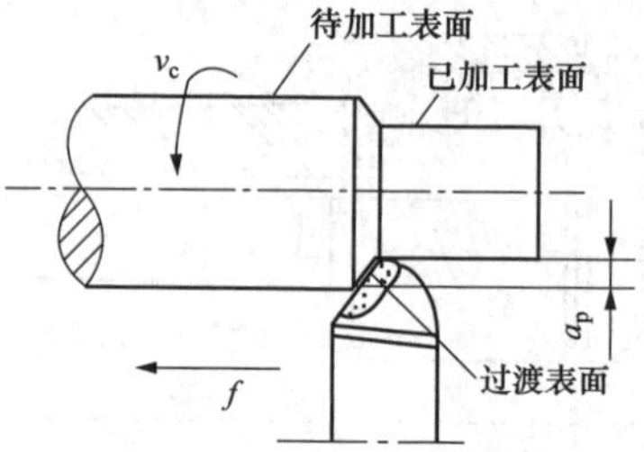

图 1-21 车削用量三要素

（1）车削速度 v_c。车削速度是指在单位时间内工件和刀具沿主运动方向相对移动的距离，即工件加工表面相对刀具的线速度，其切削速度计算公式为

$$v_c = \pi dn / 1000 \ \ (\mathrm{m/min})$$

$$v_c = \pi dn / (1000 \times 60) \ \ (\mathrm{m/s})$$

式中：d 为加工处工件表面或刀具的最大直径，mm；n 为主运动转速，r/min。

（2）车削进给量 f。车削进给量 f 是在主运动的一个循环或单位时间内，刀具和工件沿进给方向相对移动的距离，即工件每转一转车刀沿进给方向移动的距离。

（3）背吃刀量 a_p。背吃刀量 a_p 又称切削深度，是待加工表面与已加工表面之间的距离。

4. 实训操作时安全注意事项

（1）开车前，认真检查车床各部位有无异常，以防开车时发生突然撞击而损坏车床。启动后，应低速运行几分钟，使各部位的润滑正常。

（2）不允许在主轴箱上放置物件。不允许在卡盘、导轨上敲击或校直工件。

（3）加工前，工件和刀具应装夹可靠，既要防止夹紧力过小而松脱伤人，又要防止夹紧力过大而损坏机件。装夹工件后，卡盘扳手应随手拿下，严禁未拿走扳手就启动车床。

（4）车床开动后，严禁触摸任何旋转部位，不允许测量或用丝织物擦拭旋转的工件。

（5）变速时，必须先停车，后换挡。停车时不允许用手刹住旋转的卡盘。

（6）实习操作时，不允许将头与工件靠得太近，以防切屑飞入眼中。清除切屑时，严禁用手直接清除或用嘴吹除，必须使用专用的铁钩和毛刷。

（7）工作结束时，应关闭电源，将车床擦拭干净，在导轨上加注防锈油，将各操作手柄置于空挡，将大拖板、尾座摇至床尾。

（8）工作结束后，清理所用的全部工具、量具、刀具、夹具等，并整齐有序地放入工具柜中，最后清扫场地。

六、车工车削练习内容

1. 安装工件

（1）用卡盘扳手将卡盘三爪松开，圆柱毛坯有冒口的一端朝外，另一端朝向卡盘，毛坯从卡爪处伸出长度约为50mm。

（2）圆柱毛坯中心轴尽量与卡盘中心位置重合，用卡盘扳手转动小锥齿轮孔，卡盘卡爪将圆柱毛坯夹紧，如果只使用卡盘扳手无法再用力，可以配合套管使用继续发力夹紧工件。

（3）三爪卡盘上一般有三个小锥齿轮孔，当其中一个无法用卡盘扳手转动时，可以转动卡盘位置，用卡盘扳手转动另一个小锥齿轮孔继续夹紧毛坯。

（4）安装好毛坯后，及时取下卡盘扳手，避免启动主轴时卡盘扳手飞出伤人。

2. 安装车刀

（1）安装车刀之前，松开刀架锁紧把手，锁紧把手不能一直转动，以免方刀架从溜板箱上掉落；将方刀架转动约45°，锁紧刀架，将大溜板箱移动至靠近尾座架处。

（2）将右偏刀安装在方刀架上，刀头伸出大概两指的距离，刀头略向外偏，刀尖位置与尾座架上顶尖的位置水平。若不水平，可将垫刀片置于车刀下面，确保刀尖与尾座架顶尖处在同一水平线上。使用刀架扳手紧固刀架螺钉，至少要紧固两个螺钉。先轻轻上紧后面的螺钉，再轻轻上紧前面的螺钉，最后用力轮换逐个拧紧。

（3）调整刀架位置，将成形刀（圆弧刀）、尖刀、切断刀三把刀安装在另外三个刀位上。这三种刀安装时无须向外偏，刀柄与刀架边沿平齐即可。

（4）将刀架锁紧手柄松开，转动刀架使右偏刀朝向圆柱毛坯，锁紧刀架手柄。

3. 主轴转速及主轴启动

（1）实训过程中，车床主轴转速通常用173r/min。主轴转速见表1-1，将变速箱上的长手柄置于最左端，短手柄置于最右端；主轴箱上的变速手柄调整到低速挡Ⅰ挡上，如果调整挡位时，手柄有卡顿情况，可以转动三爪卡盘再尝试调整。

表1-1　　主 轴 转 速

手柄位置		Ⅰ			Ⅱ		
		长手柄			长手柄		

短手柄		45	66	94	360	530	750
		120	173	248	958	1380	1980

（2）将车床腿上的开关转到通电位置，确认急停旋钮没有在急停位置上，确认急刹车在

正常位置，盖上防护罩。

(3)将主轴启动手柄向上抬，主轴正转(一般将主轴朝向刀具旋转的方向称为主轴正转)，如果将手柄向下拨，主轴反转，启动手柄在水平位置上，主轴停止。

4. 车削拉力棒

(1) 按照图 1-22 所示尺寸开始车削拉力棒，在浇冒口，用右偏刀车削外圆，车削掉大约 5mm 的直径，长度为 5～7mm，形成工艺台。

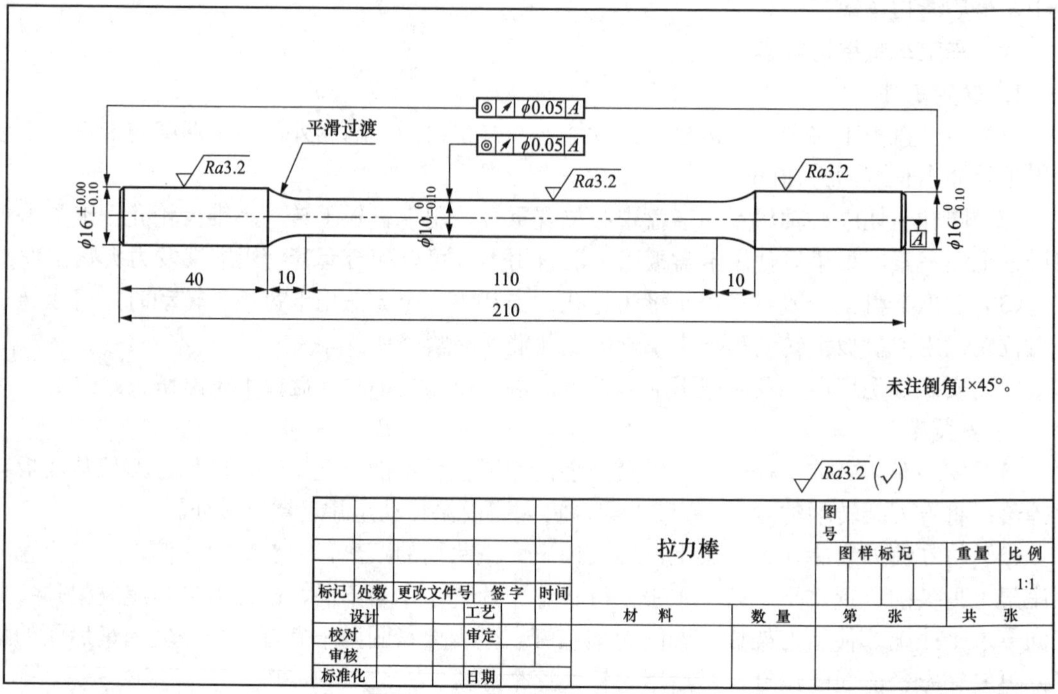

图 1-22 拉力棒

注：

车削外圆是车削加工中最基本、最常见的工序。常见的外圆车刀及车削外圆方法如图 1-23 所示。尖刀主要用于粗车外圆和车没有台阶或台阶不大的外圆；弯头刀用于车削外圆、端面、倒角、带 45°斜面的外圆；偏刀因主偏角为 90°，车削外圆时的背向力很小，常用来车削细长轴和带有垂直台阶的外圆。

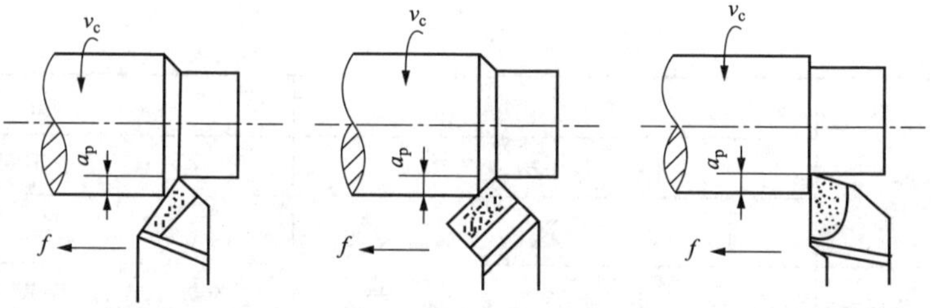

(a) 尖刀车削外圈　(b) 45°弯头刀车削外圈　(c) 右偏刀车削外圆

图 1-23 车削外圆

车削高度在 5mm 以下的台阶时，可在车削外圆的同时车出台阶，如图 1-24 所示。为使车刀的主切削刃垂直于工件的轴线，可在先车好的端面上对刀，使主切削刃与端面贴平。

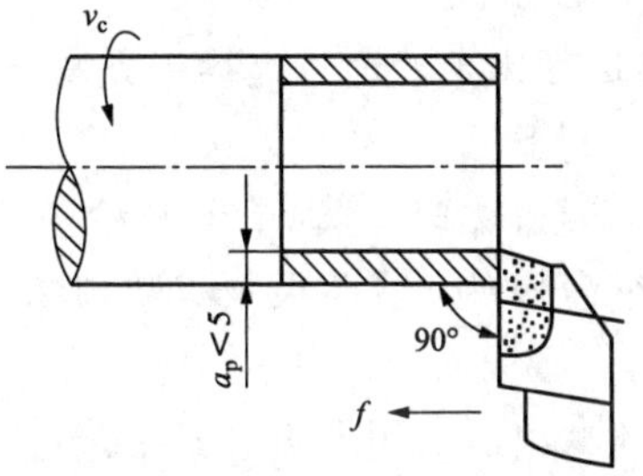

图 1-24　车低台阶

车削高度在 5mm 以上的台阶时，应分层进行车削，如图 1-25 所示。为使台阶长度符合要求，可用钢板尺确定台阶长度，如图 1-25（a）所示。车削时先用刀尖刻出线痕，以此作为加工界限。这种方法不准确，一般线痕所定的长度应比所需的长度略短，以留有余地。

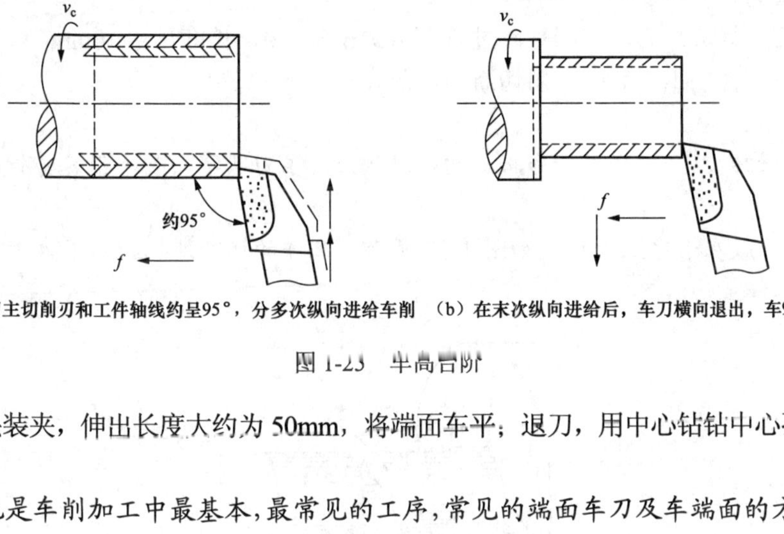

（a）偏刀主切削刃和工件轴线约呈95°，分多次纵向进给车削　（b）在末次纵向进给后，车刀横向退出，车90°台阶

图 1-25　车高台阶

（2）掉头装夹，伸出长度大约为 50mm，将端面车平，退刀，用中心钻钻中心孔（定位孔）。

注：

车端面也是车削加工中最基本，最常见的工序，常见的端面车刀及车端面的方法如图 1-26 所示。

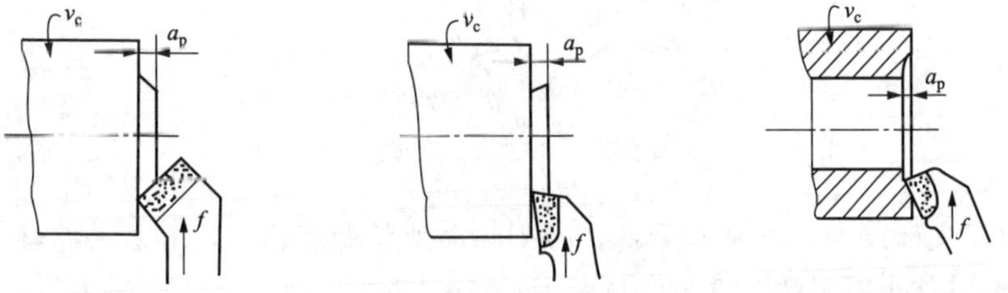

（a）弯头刀车端面　（b）偏刀车端面（由外向中心）　（c）偏刀车端面（由中心向外）

图 1-26　车端面

车端面时应注意以下几点：

1）车刀的刀尖应对准工件的中心，以免车出的端面中心留有凸台。

2）用偏刀车削端面［见图 1-26（b）］，当背吃刀量 a_p 较大时，容易扎刀。而且车削工件中心时，如果将凸台直接车掉，容易损坏刀尖；而用弯头刀车端面时，凸台是逐渐车掉的，所以车端面用弯头刀较为有利［见图 1-26（a）］。

3）车削端面时，工件的转速可比车外圆时选择得更高一些。为降低端面的表面粗糙度，可由中心向外车削［见图 1-26（c）］。

4）车削直径较大的端面时，若出现凹心或凸肚，应检查车刀、方刀架及大拖板是否松动。为使车刀准确地横向进给而无纵向松动，应将大拖板紧锁在床面上，此时可用小溜板调整背吃刀量 a_p。

（3）松开三爪卡盘，将毛坯拿出后，用卡盘夹紧工艺台，另一端用尾座活顶尖支撑中心孔，用尖刀车削直径到 $\phi 16$。

（4）横向退刀，根据拉力棒尺寸要求划线，从工件右端面开始用游标卡尺测量出外圆 40、50、160、170mm 处，并用刀尖在这 4 个位置划出一道浅浅的线。

（5）用尖刀在 50～160mm 线之间长度为 110mm 的位置，分三次将直径车削至 $\phi 10$，第一次粗车深度 1.5mm，第二次粗车 1mm，第三次精车 0.5mm。

（6）换尖刀，车削 1×45°倒角。

（7）退刀，换成形刀，车削平滑过渡面由 $\phi 16$ 至 $\phi 10$，长度尺寸 10mm。

（8）卸下工件，重新装夹，用切断刀切断。

注：

切断要用切断刀。切断刀的形状与切槽刀相似，但刀头窄而长，很容易折断。切断时应注意以下几点：

1）切断一般在卡盘上进行，如图 1-27 所示。工件的切断处应距离卡盘近些。要避免在顶尖安装的工件上切断。

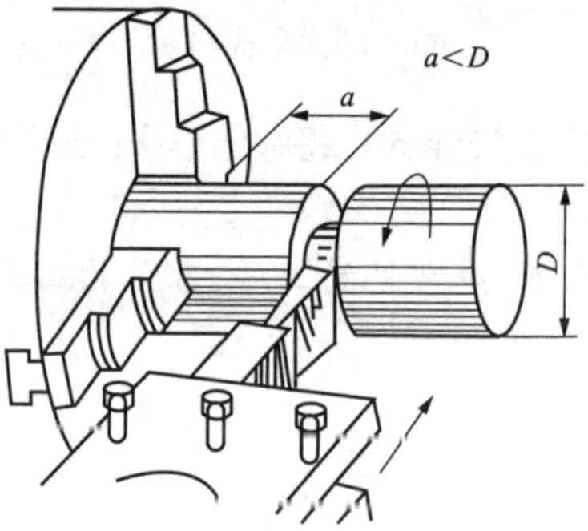

图 1-27 在卡盘上切断

2）切断刀刀尖必须与工件中心等高，否则切断处将剩有凸台，且容易损坏刀头，如图 1-28 所示。切断刀伸出刀架的长度不宜过长。

3）要尽可能减小主轴及刀架滑动部分的间隙，以免工件和车刀发生振动，否则切削将难以进行。

4）用手进给时一定要均匀，在即将切断时，必须放慢进给速度，以免刀头折断。

（9）车削端面，车削 1×45°倒角。

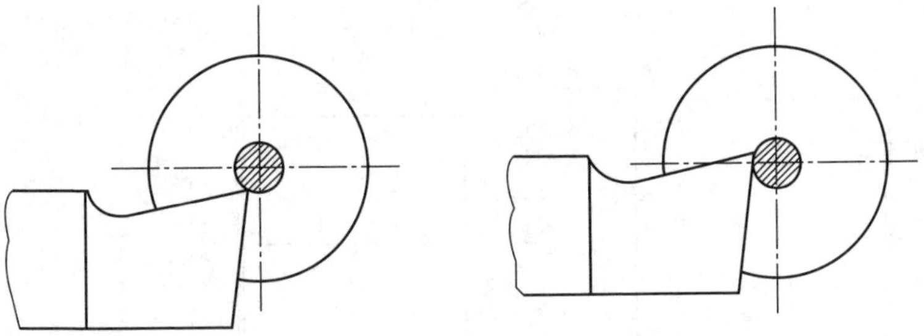

图 1-28 切断刀刀尖应与工件中心等高

5. 车削台阶轴

车削的台阶轴尺寸信息如图 1-29 所示，车削步骤如下：

（1）快速移动大手轮和中手轮，让刀具快速接近圆柱毛坯的端面，不能移动过快，避免刀具直接撞上毛坯。

（2）车削端面，用刀尖轻碰冒口凸起最高处，有切屑落下的时候用中手轮沿横轴方向退刀，用大手轮逆时针转动沿纵轴方向设置一个背吃刀量（1～2mm）；然后沿横轴的方向进刀车削端面，车刀移动到端面中心位置即可。

（3）如果端面上有冒口等铸造缺陷，先将冒口车平。

（4）车削外圆。用刀尖轻碰外圆，有切屑落下时用大手轮沿纵轴方向退刀，用中手轮沿横轴方向设置一个背吃刀量（1～2mm）；然后用大手轮沿纵轴的方向进刀车削外圆，车刀移动到距离卡盘 4～5mm 处即可。

（5）粗车一次外圆除掉锈蚀部分，横向退刀，以右端面为基准，用游标卡尺测量出外圆 70mm 处，顺时针转动大手轮纵向进给，在外圆 70mm 处用刀尖划出一道浅浅的线。

（6）精车外圆，车削时刀具移动到用刀尖划出的 70mm 线处即可。由于受到一次设置背吃刀量的限制，可能需要多次车削。如果车削外圆达到图纸尺寸要求的$\phi60$，可先沿着横轴方向退刀，避免纵向退刀刮伤工件影响精度；如果还需要继续车削，可沿着纵轴方向退刀，这样可以避免再次对刀所产生的误差，然后沿横轴方向设置合适的背吃刀量，继续车削外圆至图纸要求的$\phi60$。

（7）以右端面为基准，用游标卡尺测量出外圆 40mm 处，顺时针转动大手轮纵向进给，在外圆 40mm 处用刀尖划出一道浅浅的线。

（8）继续精车外圆，车削时刀具移动到用刀尖划出的 40mm 线处即可。由于受到一次设置背吃刀量的限制，可能需要多次车削。如果车削外圆达到图纸尺寸要求的$\phi50$，可先沿着横轴方向退刀；如果还需要继续车削，可沿着纵轴方向退刀，再沿横轴方向设置合适的背吃刀量继续车削外圆至图纸要求的$\phi50$。

（9）一端的台阶车削完成后，将方刀架旋转 45°，在直径$\phi50$ 的外圆上，车削 1 个 1×45°倒角。

（10）卸下工件，掉头装夹，用三爪卡盘夹住 $\phi50$ 的直径，开始加工另一端。首先车削端面，然后用游标卡尺测量出工件的总长度，粗精车$\phi60$。

（11）以右端面为基准，用游标卡尺测量出外圆 45mm 处，顺时针转动大手轮纵向进给，在外圆 45mm 处用刀尖划出一道浅浅的线粗精车$\phi55$，最后车削 1×45°倒角。

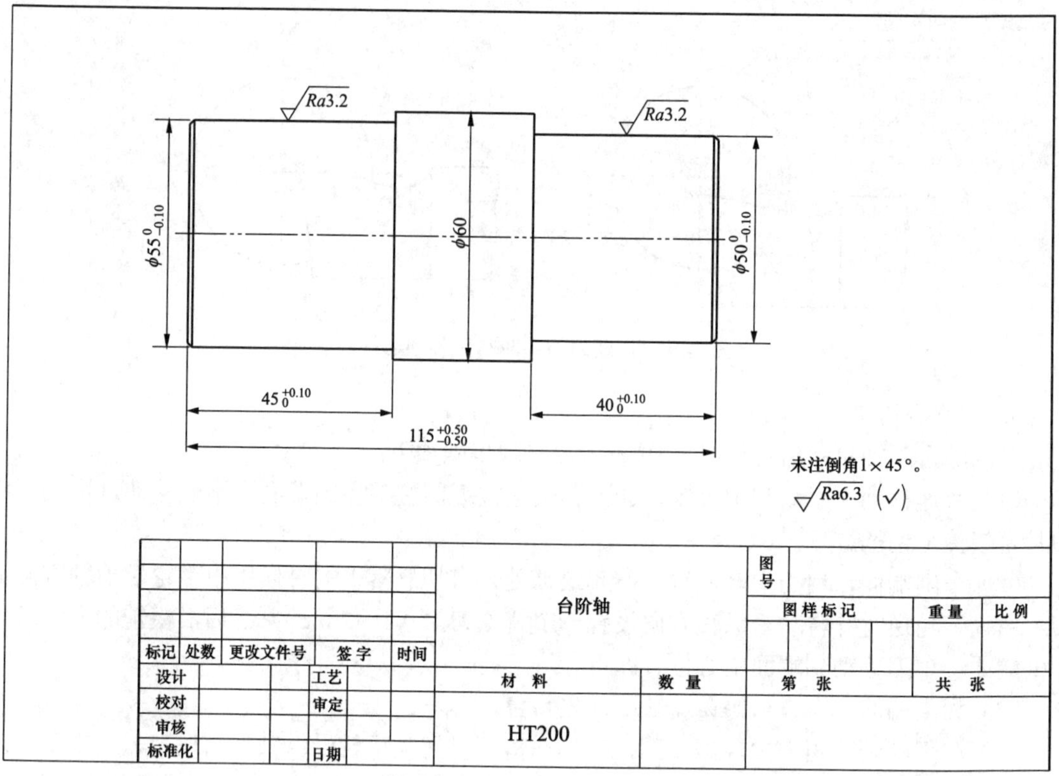
Ra3.2
Ra3.2
φ55$^{0}_{-0.10}$
φ60
φ50$^{0}_{-0.10}$
45$^{+0.10}_{0}$
40$^{+0.10}_{0}$
115$^{+0.50}_{-0.50}$
未注倒角1×45°。
Ra6.3 (√)
台阶轴
图号
图样标记
重量
比例
标记
处数
更改文件号
签字
时间
设计
工艺
校对
审定
审核
标准化
日期
材料
数量
第 张
共 张
HT200

图 1-29 台阶轴

实训项目二　数控加工训练

数控加工（numerical control machining）是指在数控机床上进行零件加工的一种工艺方法，它与传统机床加工的工艺规程从总体上说是一致的，但也发生了明显的变化，由控制系统发出指令使刀具做符合要求的各种运动，以数字和字母形式表示工件的形状和尺寸等技术要求和加工工艺要求进行加工。数控加工是解决零件品种多变、批量小、形状复杂、精度高等问题，以及实现高效化和自动化加工的有效途径。

第一部分　数控车床训练

一、数控车床介绍

数控车床（CNC 机床）是国内使用量最大、覆盖面最广的一种数控机床，约占数控机床总数的 25%。它装备了数控系统，能够按照输入至数控系统的程序文件或指令，自动对工件进行加工。

数控车床工作原理如下：根据零件图纸或工艺方案用规定代码和程序格式编写加工程序，将所编写的程序指令输入到数控装置中；数控装置对程序（指令）进行翻译运算后，向机床的伺服驱动装置和辅助控制装置发出信号，驱动机床实现主轴的启停、刀架的位移、润滑冷却等工作，以完成对工件的加工。

与普通车床相比较，数控车床自动化程度高，降低工人劳动强度；生产效率高；加工精度高，质量稳定；能加工形状复杂的零件。但是数控车床也具有加工和维修成本较高，对维修人员的技术水平要求高的缺点。

二、数控车床安全操作注意事项

（1）进入实训场地后，应服从安排，不得擅自启动或操纵数控车床。

（2）按规定穿戴好工作服和安全帽。不许穿高跟鞋、拖鞋上岗，不允许戴手套和围巾操作机床。

（3）按照正确的顺序给数控车床送电。进行加工前，应确保工件、夹具及刀具已夹持牢固，开慢车空转 3～5min，检查各传动部件是否正常，确认无故障后才可正常使用。

（4）完成对刀操作后，要对对刀结果进行验证方可调用程序。

（5）程序输入完成后应认真核对，确保代码、指令、地址、数值、正负号、小数点及语法正确无误且进行程序的模拟测试。经指导老师检查后方可执行加工操作。

（6）在机床车削过程中，要集中精力，选择好观察位置，关好防护罩，不允许随意离开岗位。发现机床运转不正常时，应立即按下急停按钮，向指导老师报告。

（7）在机床加工过程中，严禁用手触碰工件、刀具或清理机床上的车屑。

（8）操作数控系统面板及数控机床时，只能单人操作，严禁两人或多人同时操作。

（9）实训结束时，应切断机床电源或总电源，将刀具和工件卸下，清理安放好所使用的工、夹、量具，按规定保养、清扫机床。

三、数控车床结构

实训用 CKNC-50H 数控车床如图 2-1 所示，由机械本体和数控装置两部分组成。

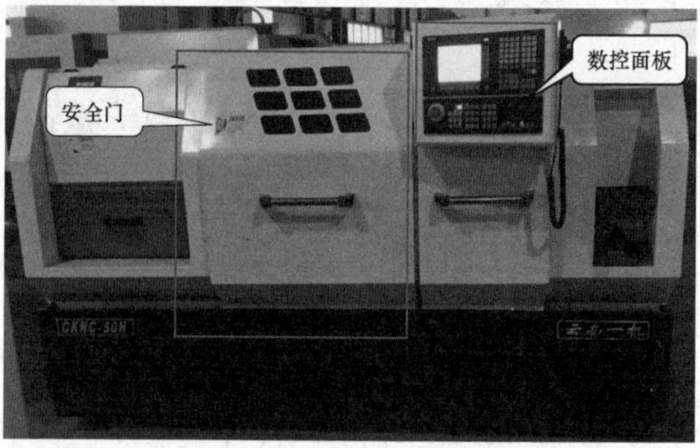

图 2-1 实训用 CKNC-50H 数控车床

1. 机械本体

机械本体包含三爪自定心卡盘（主轴）、刀架、尾座、导轨、床身等几大部分，与普通车床结构相似。

（1）三爪自定心卡盘（见图 2-2）。三爪自定心卡盘装夹工件，带动工件高速旋转（车削主运动）。

（2）刀架（见图 2-3）。刀架可同时装卡四把车刀，并带动车刀做纵向、横向移动（车削进给运动）。

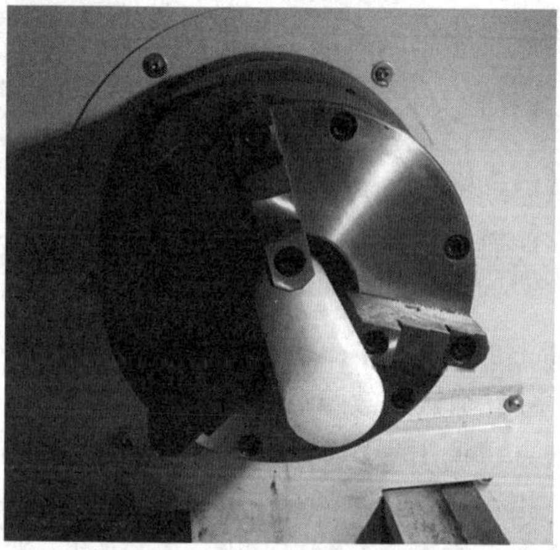

图 2-2 三爪自定心卡盘

图 2-3 四工位自动刀架

（3）尾座（见图 2-4）。尾座安装在床身导轨上，可沿导轨纵向移动，主要用来安装后顶尖，支撑长工件；也可安装钻头、铰刀等，用来在工件端面上打孔。

（4）床身与导轨（见图 2-5）。床身用来支撑和连接车床的各个部件，并保证各部件在工作时有准确的相对位置；导轨安装在床身上，为刀架和尾座定位。

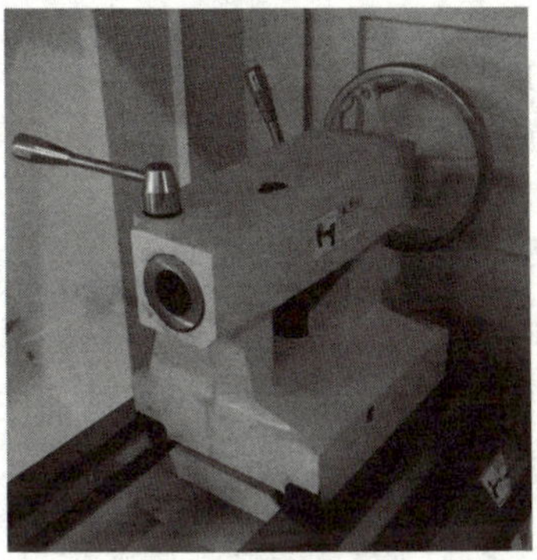

图 2-4　尾座

图 2-5　床身和导轨

2. 数控装置

数控装置一般由控制系统、伺服系统、位置测量系统等几部分组成。常见的操作系统有德国西门子、日本 FANUC、广州数控、华中数控、北京 KND 数控等。本实训项目采用德国西门子公司生产的 808D 数控系统。

四、数控车床操作系统

实训用 CKNC-50H 数控车床配备了西门子 808D 数控系统，该系统由西门子 802D 升级改进而来，在西门子数控系统产品线里属于经济款，但功能已足够强大，自带的图形引导系统能够大大简化编程过程，其操作面板由面板操作单元（PPU）和机床控制面板（MCP）组成。

1. 面板操作单元

面板操作单元（PPU）如图 2-6 所示，常用的按键区域如下：区域 1 为垂直及水平软键区域，调用特定菜单功能；区域 2 为返回键，返回上一级菜单；区域 3 为字母、数字键区域，输入字符或数控系统指令；区域 4 为控制键区域；区域 5 为光标键，控制光标上/下/左/右移动；区域 6 为操作键区域。在面板操作单元（PPU）上较为重要的按键功能如下：

输入键：其功能为确认输入的值；编程时换行。其他按键与电脑键盘上的控制键功能类似，不再复述。

选择键：其功能为在填写特殊选项时使用。

加工操作键：其功能为打开“加工操作”区。

程序管理键：其功能为打开“程序管理器”。

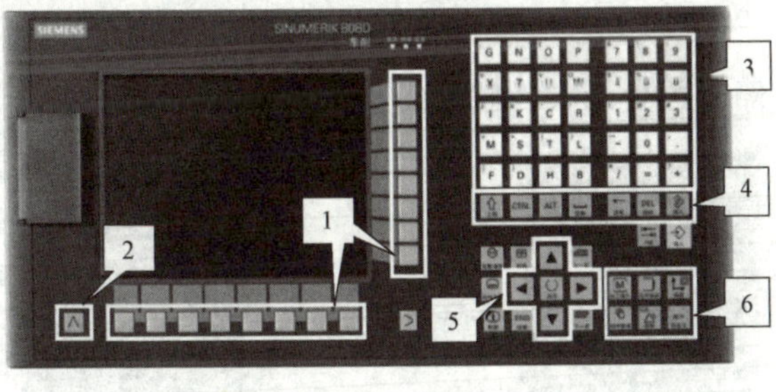

图 2-6　面板操作单元（PPU）

2. 机床控制面板（MCP）

机床控制面板（MCP）如图 2-7 所示，6 个区域内的按键功能如下：

（1）急停按钮。出现危险情况时按下可使机床紧急断电。

（2）操作模式键区域。

回参考点键：进入“回参考点”模式，该模式下可进行机床“回零”（回参考点）操作。

手动键：进入“手动”模式，该模式下可通过“轴运方向键”控制刀架前后左右移动。

手轮键：进入“手轮”模式，该模式下可通过数控车手轮控制刀架移动。

MDA 键：进入“MDA”模式，该模式下可编写简单的验证程序。

自动键：进入“自动”模式，该模式下可以调用程序加工工件。

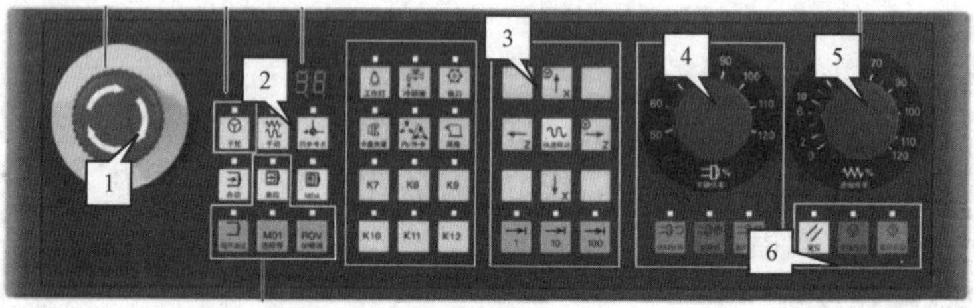

图 2-7 机床控制面板（MCP）

（3）轴运行键区域。

X 轴负方向键：控制刀架沿 *X* 轴负方向移动。

X 轴正方向键：控制刀架沿 *X* 轴正方向移动。

Z 轴负方向键：控制刀架沿 *Z* 轴负方向移动。

Z 轴正方向键：控制刀架沿 *Z* 轴正方向移动。

（4）主轴倍率旋钮。其功能为按百分比调整主轴旋转速度。

（5）进给倍率旋钮。其功能为按百分比调整刀架进给速度。

（6）程序状态键区域。

循环启动键：开始执行数控系统程序。

复位键：解除报警或复位数控系统程序。

五、数控车床安全操作流程（实操练习内容）

1. 开机

（1）开机前确保急停开关处于关闭状态，把开关向上抬起给机床通电，如图 2-8 所示。

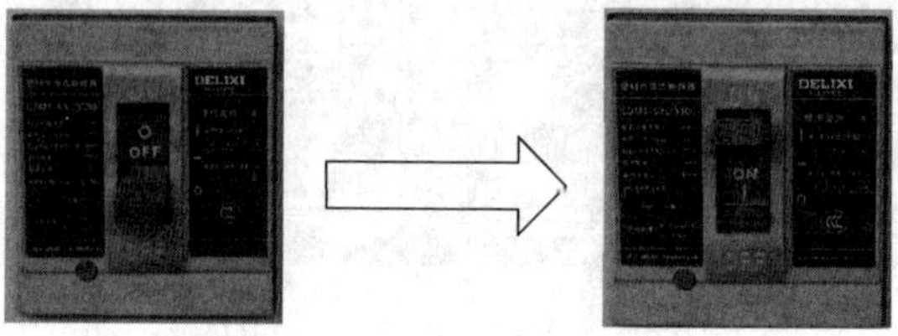

图 2-8 数控车床电源开关

（2）待系统启动完毕后旋开急停开关，如图 2-9 所示。

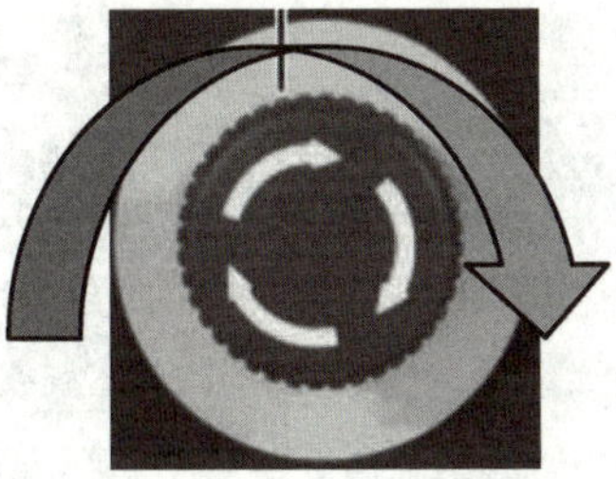

图 2-9 急停开关旋转方向

急停操作注意事项：急停按钮先向里按到底，再右旋约 90°，到达限位后松开手，让按钮自己弹起。切勿向外硬拽按钮，以防内部线路损坏，造成按钮急停功能失效，关机时先关急停再关总电源开关，防止通电时过高的电冲击对系统造成伤害。

（3）回参考点。回参考点的目的是建立机床坐标系，使刀架的运动有基准点，机床坐标系方向如图 2-10 所示。

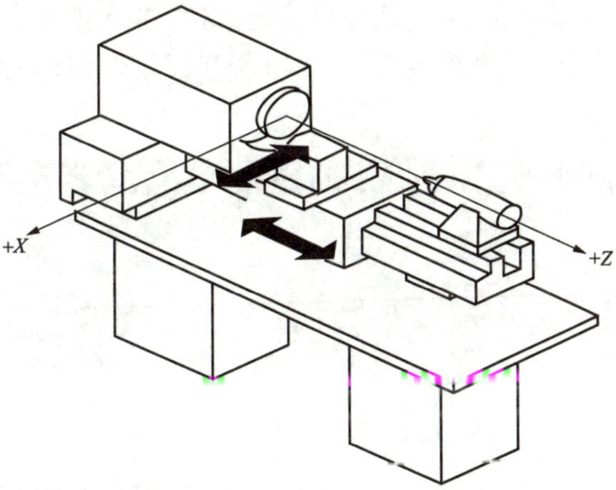

图 2-10 机床坐标系方向

其中，*Z* 轴为平行于主轴轴线方向的轴，以向右移动为正方向；*X* 轴为在水平面内与主轴轴线相垂直的轴，以朝向操作者方向为正方向。

回参考点步骤如下：

1）进入回参考点模式。按回参考点键，确认按键上方的指示灯已亮。

2）在刀架沿 *X* 正向回到 *X* 向的参考点位置时，按住↓X键，不要松手，观察屏幕上 *X* 后面的圆圈标识，当由空白圆圈变为参考点标志时，表明 *X* 轴回参考点已完成，再松开↓X键。

3）在刀架沿 *Z* 的正向回到 *Z* 向的参考点位置时，按住→Z键，不要松手，观察屏幕上 *Z* 后面的圆圈标识，当由空白圆圈变为参考点标志时，表明 *Y* 轴回参考点已完成，再松开→Z键。

4）检查屏幕上 *X* 与 *Z* 后面的圆圈标识是否已经变为参考点标志，并且坐标值变为 0.000，如图 2-11 所示。

回参考点操作注意事项：

1）系统通电后必须先回参考点。如果因发生意外而按下急停按钮，则启动主轴前必须重新回一次参考点。

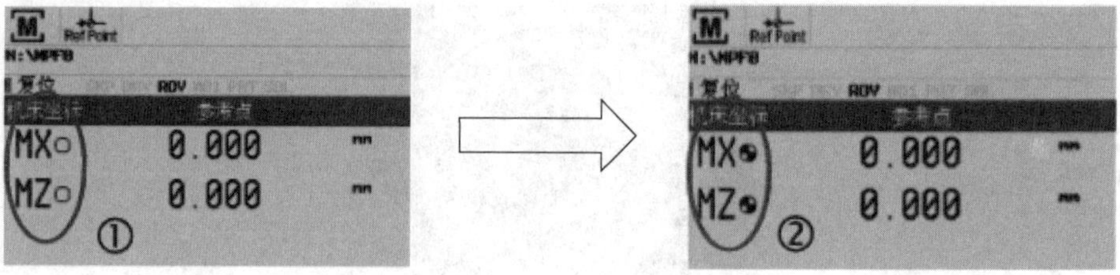

图 2-11 回到参考点后的显示变化

2）回参考点操作之前，应将刀架移到减速开关和负限位开关之间，以便机床在返回参考点过程中找到减速开关。

3）为保证操作安全，防止刀架与尾架相撞，在回参考点时应首先沿$+X$方向回参考点，然后沿$+Z$方向回参考点。

2. 端面和外圆的手动切削

（1）启动主轴。

1）切换手动或手轮模式。按手动键或手轮键，确认对应按键的指示灯亮起。

2）打开“T，S，M”窗口。在屏幕左下角按下T,S,M下方对应的灰色软键，打开“T，S，M”窗口，如图 2-12 所示。

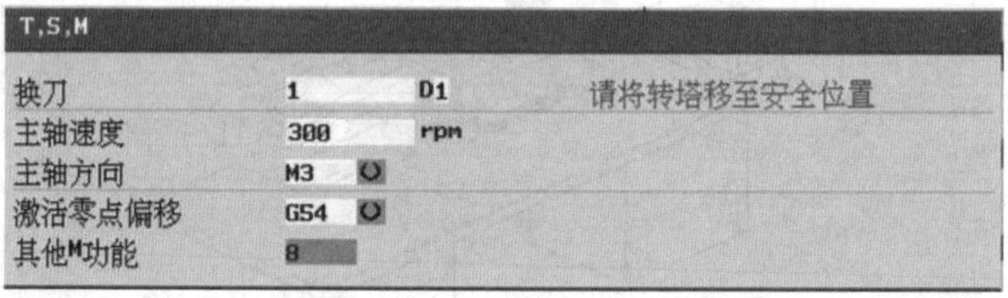

图 2-12 “T，S，M”窗口显示

3）输入换刀、主轴转速、主轴方向三个指令。换刀，输入外圆车刀所对应的刀具号“1”（本书默认外圆刀装在 1 号刀位）；主轴转速，输入转速“300”（本书默认实训使用ϕ40 尼龙棒）；主轴方向，输入正转数控指令“M3”（按选择键一次）。

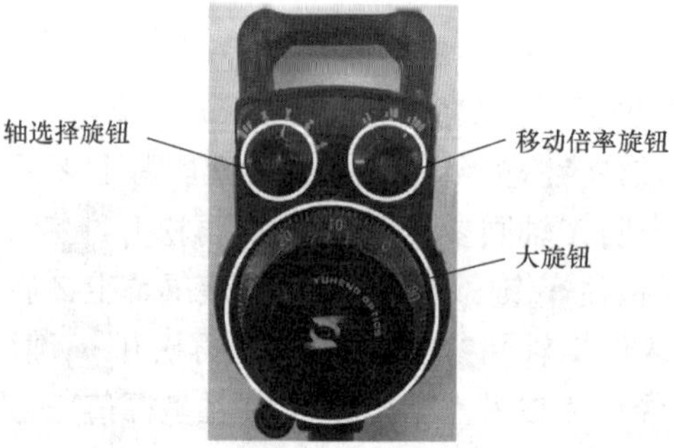

图 2-13 机床手轮

4）执行程序，启动主轴。按循环启动键执行指令，主轴以正转 300r/min 的速度开始旋转启动。

启动主轴操作注意事项：按循环启动键前必须检查刀架位置，确保其旋转换刀时不受干涉，并且一定要先拉上防护门，再按启动键。

（2）手轮操作方法。机床手轮如图 2-13 所示。

1）轴选择旋钮：控制刀架沿着 X 轴或 Z 轴移动。旋钮转到 OFF、Y、4 三个挡位时刀架不移动。

2）移动倍率旋钮：控制刀架沿坐标轴移动的速度（倍率）。当选择×100 倍率时，大旋钮转一格刀具移动 0.1mm；当选择×10 倍率时，大旋钮转一格刀具移动 0.01mm；当选择×1 倍率时，大旋钮转一格刀具移动 0.001mm，也是本机床的最高精度。

3）大旋钮：控制刀架沿坐标轴正方向或负方向移动。当顺时针转时，手轮上刻度值变大，刀架沿坐标轴正方向移动；当逆时针转时，手轮上刻度值变小，刀架沿坐标轴负方向移动。

手轮操作注意事项：

1）×100 倍率只在快速进刀退刀时使用，刀尖接触工件后需调到×10 或×1 倍率使用。

2）如果在切削时工件振动发出噪声，需立刻停止转动手轮，检查倍率旋钮是否选择正确，以及大旋钮旋转方向是否正确。

（3）切削端面（以长度切短 1mm 操作为例）。

1）对刀。选择 *Z* 轴，×100 倍率，大旋钮逆时针旋转，将刀尖沿着−*Z* 方向贴到工件端面。刀尖离端面大约 5cm 时改为×10 倍率缓缓移动，当刀尖出现切屑后停下。

2）退刀。选择 *X* 轴，×10 倍率，大旋钮顺时针旋转，将刀尖向+*X* 方向退出，当刀尖离开工件后停下来。

3）进刀（1mm）。选择 *Z* 轴，×10 倍率，大旋钮逆时针旋转 1 圈（刀尖向−*Z* 方向移动了 1mm）。

4）切平端面。选择 *X* 轴，×10 倍率，大旋钮逆时针旋转，将刀尖匀速、缓慢地沿−*X* 方向推进到与端面圆心点重合。

5）退刀。*Z* 轴×100 倍率顺时针退刀，*X* 轴×100 倍率，顺时针退刀，端面切削完毕。

（4）切削外圆（以直径切细 2mm 操作为例）。

1）对刀。选择 *X* 轴，×100 倍率，大旋钮逆时针旋转，将刀尖沿着−*X* 方向贴到工件外圆表面。刀尖离外圆大约 5cm 时改为×10 倍率缓缓移动，当刀尖出现切屑后停止。

2）退刀。选择 *Z* 轴，×10 倍率，大旋钮顺时针旋转，将刀尖向+*Z* 方向退出，当刀尖离开工件后停止。

3）进刀（1mm）。选择 *X* 轴，×10 倍率，大旋钮逆时针旋转 1 圈（刀尖向−*X* 方向移动 1mm，半径切掉 1mm，直径切细 2mm）。

4）切外圆（长度 10mm 左右）。选择 *Z* 轴，×10 倍率，大旋钮逆时针旋转，将刀尖匀速、缓慢地沿−*Z* 方向切削 10mm 左右。

5）退刀。*X* 轴×100 倍率顺时针退刀，*Z* 轴×100 倍率顺时针退刀，外圆切削完毕。

切削操作注意事项：

1）手动方式下，按轴移动键只用于刀架的大距离移动或快速退刀，不能用于切削，手动切削时，只能用手轮控制刀架的位移。

2）手轮控制刀架进行切削时，注意×100 倍率只能用于将刀靠近工件或者快速退刀，×10 倍率用于切削。

3）背吃刀量不可大于 2mm，外圆车刀只用于切端面和外圆，不能用于切断。

4）手轮上大旋钮的旋转方向与刀架的进给方向，顺时针为远离工件，逆时针为靠近工件。

3. 建立工件坐标系（测量刀具）

建立工件坐标系是为了确定每一把刀准确的加工位置，以及工件坐标系在机床坐标系中的位置，为后续的程序加工做准备。

数控车床上有机床坐标系和工件坐标系两个坐标系。机床坐标系是机床上固有的坐标系，坐标原点由机床制造商设定且无法改变，在 X 轴、Z 轴正向的极限位置。回参考点（回零）就是回到机床坐标系零点。工件坐标系是编程人员在编程时使用的，又称编程坐标系，用于描述刀的运动轨迹。工件坐标系的原点通常与零件图纸的尺寸基准一致，X 轴原点一般选在工件的回转中心，Z 轴原点选在工件的右端面上。本书以工件右端面回转中心点建立工件坐标系原点为例进行讲解。

建立工件坐标系分为两步：建立 Z 轴零点和建立 X 轴零点。

（1）建立 Z 轴零点。将 Z 轴摇到坐标“0”时，使刀尖正好紧贴工件右端面，步骤如下：

1）手动切削端面且不执行最后一步退刀（刀尖紧贴端面）。现在 Z 坐标显示新工件端面在旧工件坐标系中的数值“×.×××”。

2）按测量刀具键下方对应的灰色软键，打开“手动测量刀具”窗口。

3）按测量Z键，打开设置 Z 轴坐标的界面，如图 2-14 所示。

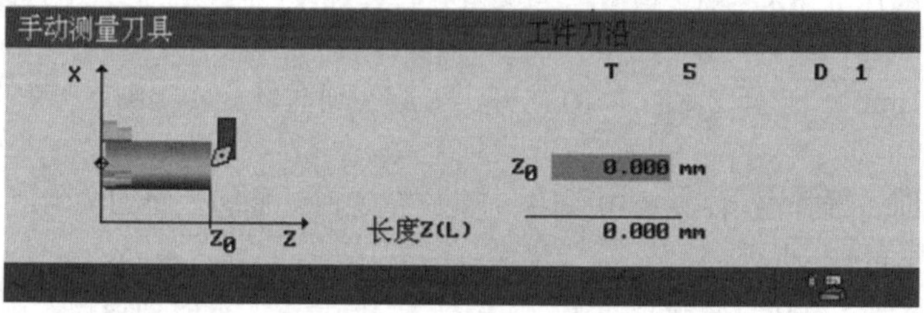

图 2-14 设置 Z 轴坐标

4）在 Z0 0.000 mm 区域输入“0”，按设置长度Z键，将新工件端面在旧工件坐标系中的数值“×.×××”改为新工件坐标系中的坐标原点“0”。

至此，Z 轴零点设置完毕。注意，端面切削完，一定要让刀尖贴着新端面直接修改 Z 轴零点。

（2）建立 X 轴零点。将 X 轴摇到坐标“0”时，使刀尖正对工件右端面圆心，步骤如下：

1）手动切削外圆，不退刀。使刀尖与外圆保持相切状态按复位键停下机床，用游标卡尺测量刚切完的外圆直径 ϕ。

2）按测量刀具键下方对应的灰色软键，打开“手动测量刀具”窗口。

3）按测量X键，打开设置 X 轴坐标的界面，如图 2-15 所示。

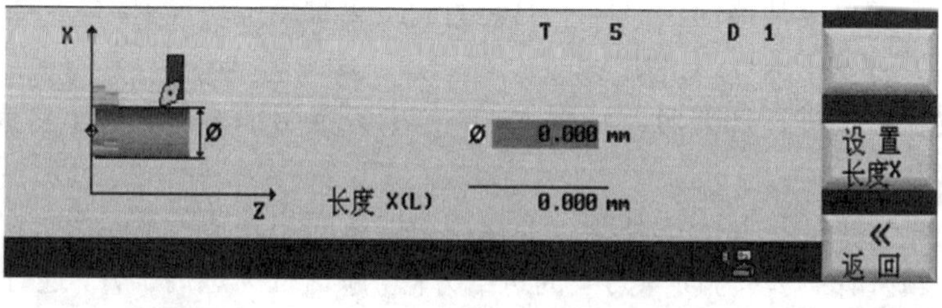

图 2-15 设置 X 轴坐标

4）在 Ø 0.000 mm 区域输入第一步测量的刚切完的外圆直径 ϕ 的数值“×.×××”，按设置长度X键，将旧工件坐标系中 X 轴的数值改为刚切完的外圆直径值“×.×××”。

注意，外圆切完，一定要让刀尖贴着新切外圆面直接测量直径ϕ并修改 X 轴坐标。工件坐标系中 X 轴数值代表工件的直径值，修改 X 轴数值并校验工件直径值是否精确。如果工件直径准确，当 X 值摇到“0”即直径为“0”时，刀尖必然正对工件回转中心点。

（3）验证工件坐标系准确性。测量刀具的准确与否直接关系到能否生产出合格产品和加工的安全性。因此，测量结果一定要进行验证。操作步骤如下：

1）按键，打开“MDI 程序段”窗口，如图 2-16 所示。

图 2-16 “MDI 程序段”窗口

2）清除屏幕内容，按 “删除文件”软键。

3）输入验证程序：

```
T1D1          (将 1 号刀转到工作位置)
M03S300F0.2   (主轴正转 300r/min 启动，指定刀架进给速度 0.2mm/r)
G00Z1         (将刀尖沿 Z 轴以最快速度移动到 Z1 点)
X(43)         (将刀尖沿 X 轴以最快速度移动到直径 43mm 处，X 值根据实际毛坯直径设定比之略大的数值，本书默认使用φ40 尼龙棒)
M01           (暂停观察刀具位置，再按一次键继续向下执行)
G01X(38)      (刀架以 0.2mm/r 的进给速度沿 X 轴移到φ38mm 处，X 值为根据建立 X 轴零点时实际切削的直径，设定比之略小的数值)
Z-5           (刀架以 0.2mm/r 的速度沿-Z 方向切削 5mm 长外圆)
G00X100       (退刀，沿+X 方向退到直径 100mm 处)
Z100          (沿+Z 方向退到距端面 100mm 处)
M05           (主轴停止旋转)
M30           (程序停止)
```

4）将主轴倍率和进给倍率旋钮都旋至最小，观察加工区，确保启动安全，按键执行验证程序。

5）先将主轴倍率调至 100，再缓慢旋转进给倍率旋钮，同时观察刀架的进给，如果能到达靠近工件的安全位置，再按键使程序执行完。

6）用卡尺测量自动加工切削的外圆直径，与 G01 设定值相比较。如果结果一致，表明刀具测量准确，可进行下一步操作；如果结果不一致，重复建立 X 轴零点的步骤。

4. 调程序加工

（1）调程序加工流程步骤。

1）按键打开“程序管理器”界面，如图 2-17 所示。

2）移动光标，选中一个备选程序，按键，打开“程序文本”界面，如图 2-18 所示。

3）按键，进入“模拟加工”界面，如图 2-19 所示。按键，先对程序进行模拟。

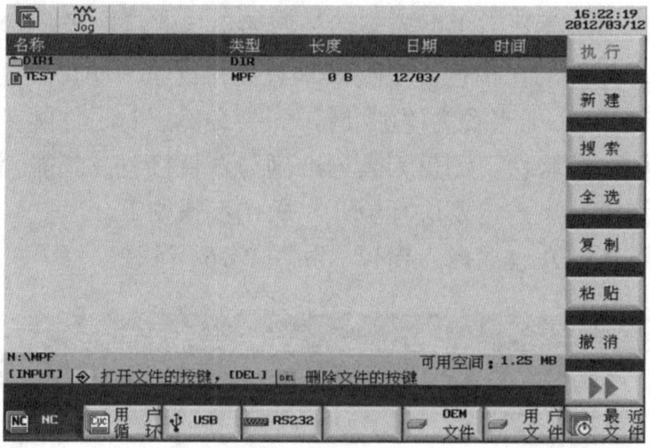

图 2-17 “程序管理器”界面

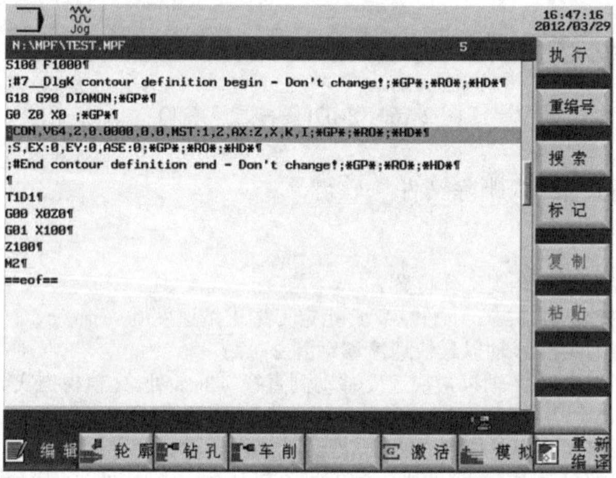

图 2-18 “程序文本”界面

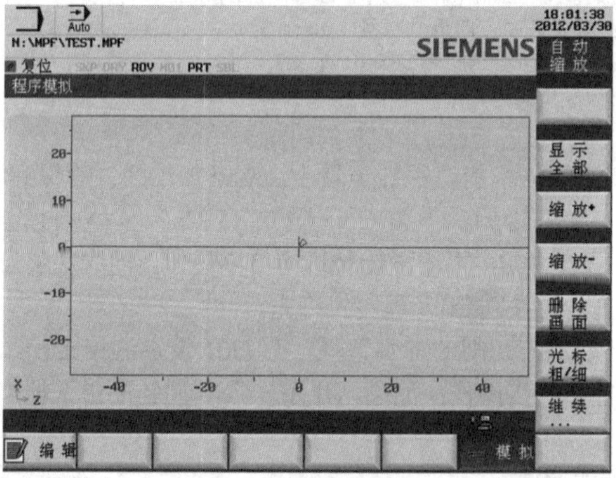

图 2-19 “模拟加工”界面

4）若模拟过程未出现报警信息，按编辑键返回编辑界面，按右侧竖排中执行键，将程序调至“加工操作”界面，如图 2-20 所示。旋转两个倍率旋钮至最小值，按键执行

程序。

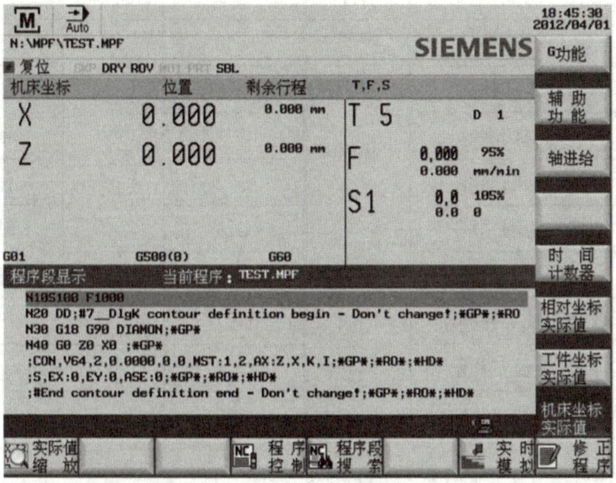

图 2-20 “加工操作”界面

5）程序执行完毕后将工件切下，打扫掉落在刀架、导轨和床身上的切屑，整理好机床卫生以备下次使用。

（2）调程序加工注意事项。

1）正式加工前，一定要请指导老师检查确认机床状态，尤其是“程序测试”和“空运行”两个选项是否已经关闭。

2）在实训操作过程中，操作者旁边必须有人监控机床运行状态。如果出现刀具撞击工件、机床发出噪声等异常情况，必须立刻按键或直接拍下急停按钮，然后向指导老师报告，等待老师处理完后方可继续进行实训。

5. 数控车床基础编程流程

（1）编程方式。数控车床主要采用绝对坐标编程和直径编程的方式，绝对坐标编程以工件坐标系原点为基准的坐标值。直径编程将 X 方向的数值按照直径值输入，如图 2-21 所示，X 方向上的数值为 20。

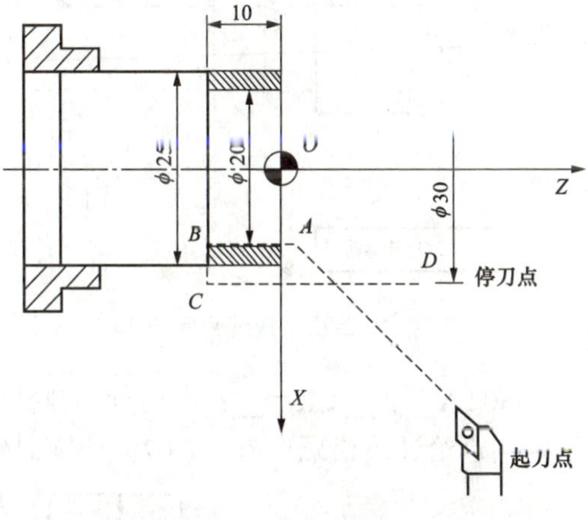

图 2-21　直径编程图

（2）常用指令。

1）准备功能 G 指令。G 指令主要用来指令数控机床或数控系统的工作方式，具体见表 2-1。

表 2-1　　准备功能 G 指令

指令	组别	功能	备注	指令	组别	功能	备注
G00	01	快速移动	模态	G04	00	暂停	非模态
G01		直线插补		G28		返回机械零点	

续表

指令	组别	功能	备注	指令	组别	功能	备注
G02	01	圆弧插补	模态	G50	00	坐标系设定	非模态
G03		圆弧插补		G70		精加工循环	
G32		螺纹切削		G71		轴向粗车循环	
G90		轴向切削循环		G72		径向粗车循环	
G92		螺纹切削循环		G74		轴向切槽循环	
G94		径向切削循环		G96	02	恒线速度开	模态
G40	04	取消刀具半径补偿	模态	G97		恒线速度关	初态
G41		刀具半径左补偿		G98	03	每分进给	初态
G42		刀具半径右补偿		G99		每转进给	模态

常用 G 指令有 G00、G01、G02、G03，各指令的格式、含义如下：

G00 X__ Z__：快速点定位。快速移动到指定点。如图 2-22 所示，车刀快速由 *A* 点移动到 *B* 点，切削指令为 G00 X20 Z0。

G01 X__ Z__：直线插补。按 F 给定进给速度直线移动到指定点。如图 2-23 所示，车刀沿着图中起点到终点的线进行车削，切削指令为 G01 X60 Z0。

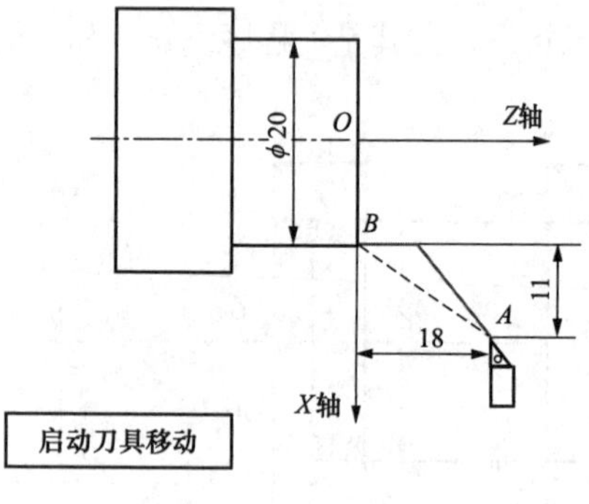

图 2-22 快速点定位

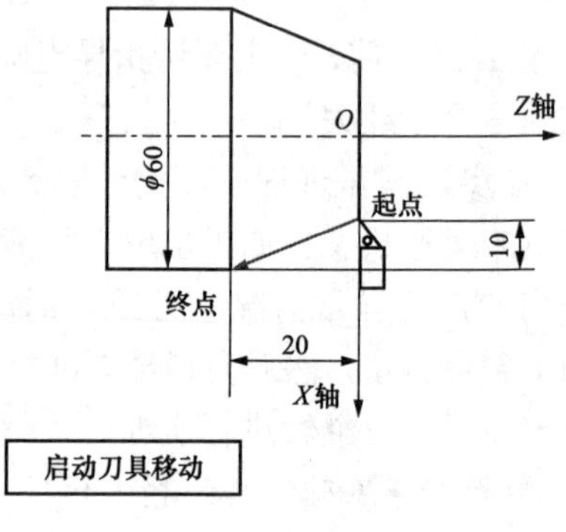

图 2-23 直线插补

G02 X__ Z__ CR＝__：顺时针圆弧插补。G03 X__ Z__ CR＝__：逆时针圆弧插补。按 F 给定的进给速度沿顺时针（G02）或逆时针（G03）移动插补到指定点，如图 2-24 所示，

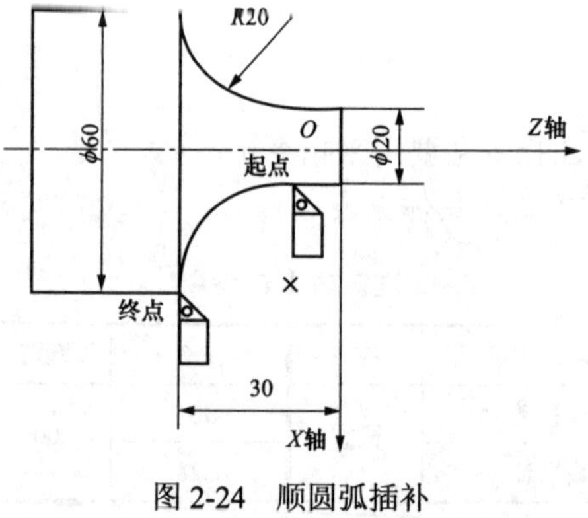

图 2-24 顺圆弧插补

车刀沿着图中起点到终点的圆弧进行车削，这时 *Z* 轴上方轮廓圆弧的方向，是顺时针就用 G02，逆时针就用 G03，图中圆弧车削指令为 G02 X60 Z-30 CR＝20。

2）辅助功能 M 指令和其他指令。常用辅助 M 指令和其他指令见表 2-2。

表 2-2　辅助 M 指令和其他指令

指令	功能	指令	功能	示例	
M03	主轴正转	S	主轴速度	S300（主轴每分钟 300 转）	
M04	主轴反转	F	进给速度	G98 模式：F100（每分进给） G99 模式：F0.05（每转进给）	
M05	主轴停止				
M08	冷却液开	T	使用刀具号及补偿号	T0101	使用 01 号刀和 01 号刀具补偿，补偿号省略表示不使用刀具补偿
M09	冷却液关				
M30	程序结束				

（3）编程方法。数控车床常用编程方法主要有两种：一种是手动编程，根据图纸编写指令输入；另一种是图形引导编程，根据图纸画图自动生成程序。

西门子 808D 数控系统编程结合了以上两种方法，也可以说是混合编程。下面以轮廓车削为例介绍 SIEMENS 数控系统的程序结构（见图 2-25）。

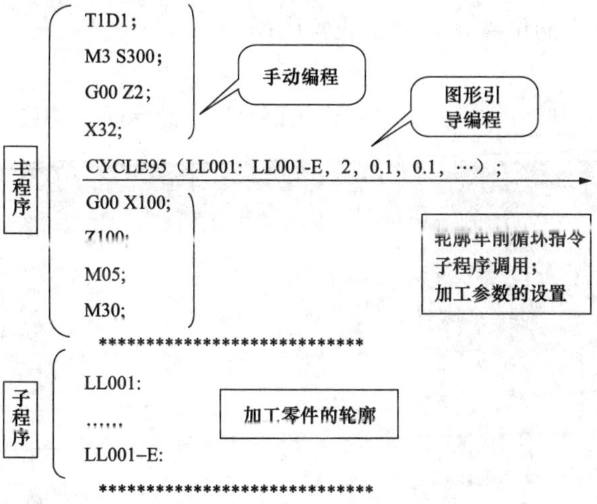

图 2-25　程序结构

程序结构主要包括主程序和子程序两部分。

主程序主要包括启动定位部分、主体语句部分和退刀结束部分三部分。其中，启动定位部分和退刀结束部分属于手动编程，需要手动输入指令。

主体语句部分是一个轮廓的车削循环指令 CYCLE95 语句，主要功能有两个：一个是调用子程序 LL001，其中子程序定义了加工零件的轮廓；另一个是对相应的加工参数进行设置。

这部分属于图形引导编程，相应的指令语句是自动生成的，下面就如何逐步地生成加工零件的程序进行举例说明。

（4）加工零件举例。加工的零件图如图 2-26 所示。

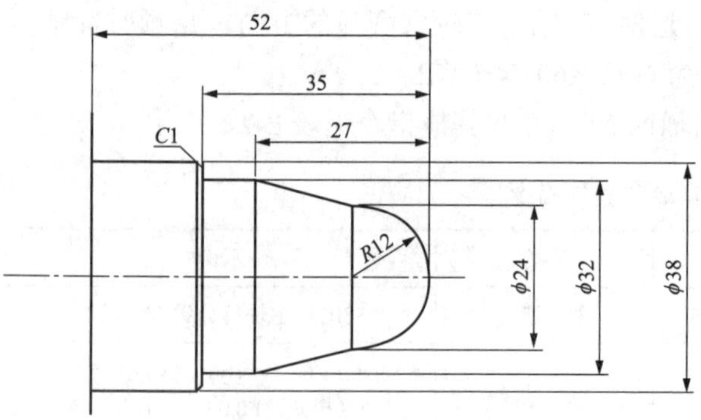

图 2-26　加工零件图

1）工艺分析如下：

机床：CKNC-50H。

毛坯：外径 40。

刀具：T1D1 偏刀，T3D1 切断刀。

程序名：YANGLI01。

工序：轮廓车削，粗车—精车。

2）程序编写。根据零件图和加工工艺进行程序的编写。

第一步：新建一个程序 YANGLI01。

按 程序管理 键，打开“程序管理器”，按 新建 键，打开新建窗口，如图 2-27 所示。

输入程序名“YANGLI01”，按 确认 键，新建程序并打开。

第二步：手动输入主程序中的启动定位部分。

启动定位部分：

```
T1D1;
M3 S300;
G00 Z2;
X45;        (根据毛坯粗细修改,比毛坯外径大 5mm)
```

图 2-27　新建程序名

第三步：在主程序中间位置，自动生成轮廓循环语句 CYCLE95。

1）按 车削 键，按 轮廓车削 键，进入“CYCLE95”设置界面，如图 2-28 所示。

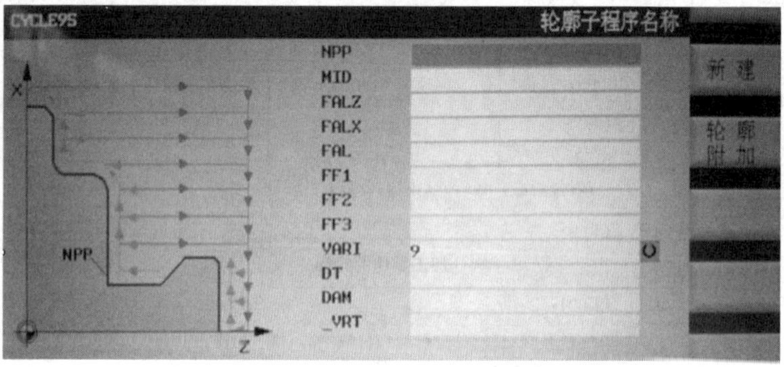

图 2-28　“CYCLE95”设置界面

2）设置轮廓子程序名称：LL001，按 轮廓附加 键。

此时，生成子程序模块：

```
*****************************
LL001:
(程序待生成)
LL001-E:
******************************
```

3）按 工艺界面 键，返回“CYCLE95”设置界面，设置其他参数，如图 2-29 所示。

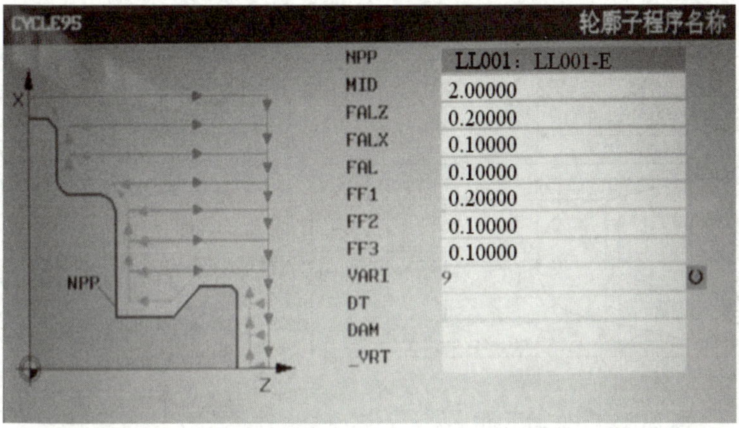

图 2-29　设置其他参数

按确认键，在主程序中就会生成 CYCLE95 语句，具体如下：

```
CYCLE95 (LL001: LL001-E, 2.00000, 0.20000, 0.10000, …);
```

第四步：手动输入主程序中的退刀结束部分。

退刀结束部分：

```
G00 X100;
Z100;
M05;
M30;
```

第五步：子程序的生成，通过零件图形绘制自动生成程序，单击轮廓，进入绘图界面，如图 2-30 所示。

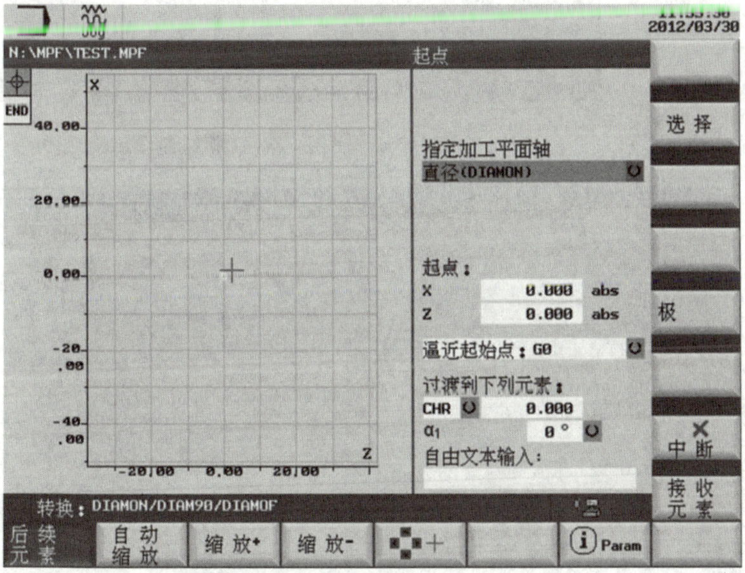

图 2-30　绘图界面

为了方便图形绘制，在零件图形中加入工件坐标系和各段终点的坐标值，如图 2-31 所示。

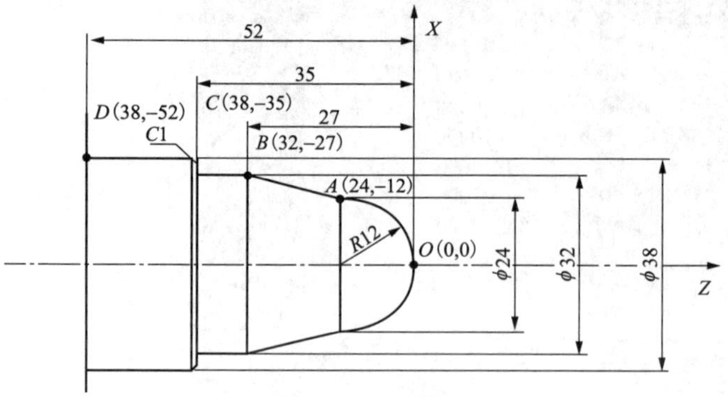

图 2-31 零件加工图

默认直径编程，起点坐标 X0 Z0，按“接收元素”键，这时候在屏幕的右侧会出现绘制图形的基本元素，如图 2-32 所示。

在图 2-32 中，从上到下，依次为垂直线、水平线、斜线和圆弧。

首先绘制第一个元素圆弧。从图 2-31 可以看出，这是一个逆圆弧，半径 CR＝12，终点 *A*（24，－12），将各个参数输入系统，可以得到图 2-33。

第二个元素是斜线，选择斜线，进入斜线设置界面，填入参数终点 *B*（32，–27）的坐标，就会得到图 2-34。

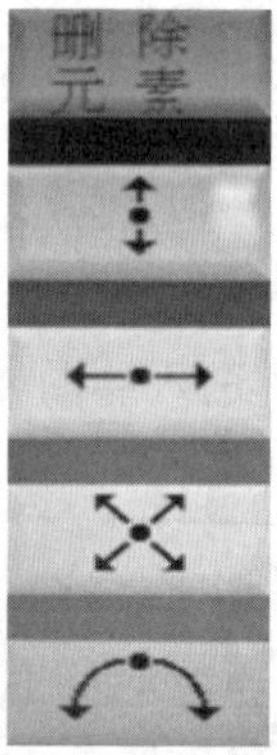

图 2-32 绘图元素

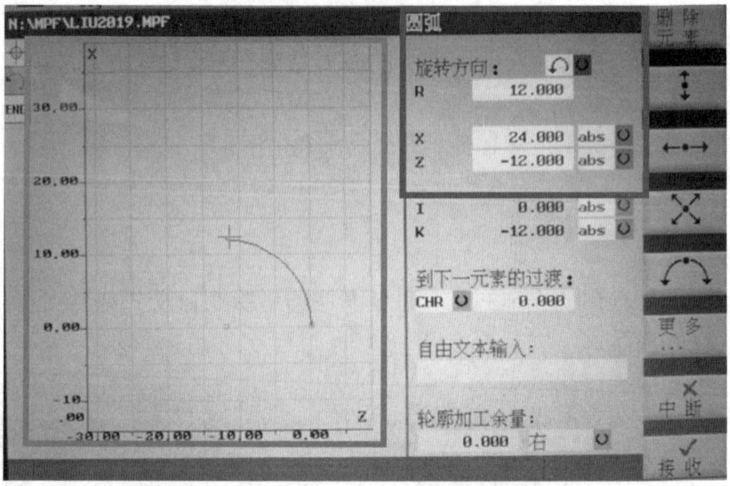

图 2-33 圆弧绘制图

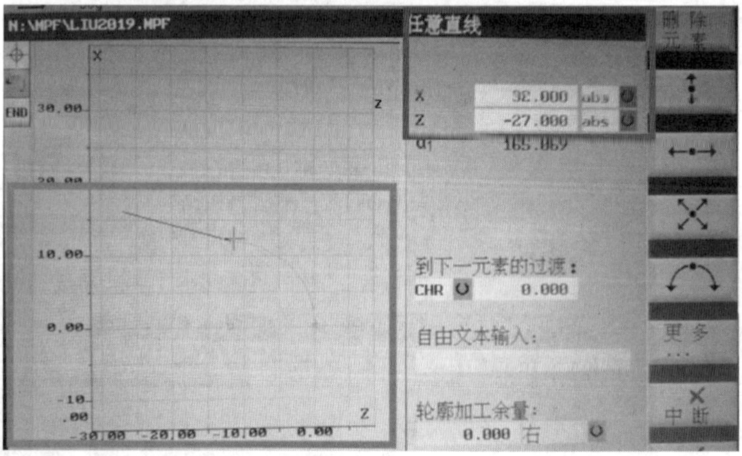

图 2-34 斜线绘制界面

按照相同的方式绘制后续的元素。绘制结束，单击接收，就会在编程界面生成子程序。完整的程序如下：

```
T1D1;
M3 S300;
G00 Z2;
X45;
CYCLE95(LL001:LL001-E, 2.00000, 0.20000, 0.10000,…);
G00 X100;
Z100;
M05;
M30;
*******************************************
LL001:
G18 G90 DIAMON;*GP*
G0 Z0 X0;*GP*
G3 Z-12 X24 K=AC(-12) I=AC(0) ;*GP*
G1 Z-27 X32;*GP*
Z-35;*GP*
X38 CHR=1;*GP*
Z-52;*GP*
X45;*GP*
LL001-E:
*******************************************
```

轮廓编程注意事项：

1）零件图形绘制中，通常会有斜角和圆角的过渡，其中，参数 CHR 表示斜角，RND 表示圆角。

2）图形绘制最后一个元素，根据所用加工材料的外径加入垂直线，这样可以避免粗加工第一刀的背吃刀量过大的问题。

（5）程序模拟和调程序加工　在正式加工前，需要对加工程序进行验证，以确保程序正确和加工安全。通常采用机床空运行的方法检查机床动作和运动轨迹是否正确，本机具有图形显示功能，上述程序的模拟如图 2-35 所示，利用实时模拟的图形显示来检查运行轨迹的正确性。

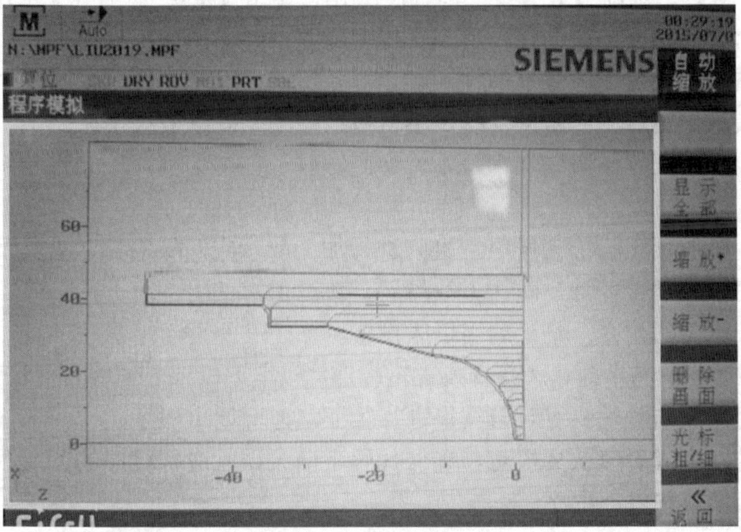

图 2-35　程序模拟图

模拟结束，如果程序正确，即可调程序加工。加工完成后的零件如图 2-36 所示。

图 2-36 加工零件

加工结束，利用三号刀（T3D1）切断刀切断就得到了要加工的零件。

第二部分 数控铣床训练

一、数控铣床简介

数控铣床是采用数字控制技术对机床的加工过程进行自动控制的一种现代化机床，实现数字化控制的装置称为数控系统。数控系统的核心是计算机控制系统（即 CNC 系统）。

1. 工作原理

数控铣床加工零件时，首先应编制零件的数控程序，这是数控机床的工作指令；将数控程序输入到数控装置，再由数控装置对加工程序处理后向伺服装置传送指令；伺服装置向伺服电机发出控制信号，主轴电机使刀具旋转。X、Y、Z 向的伺服电机控制工件和刀具按一定的轨迹相对运动，从而加工出形状、尺寸与精度符合要求的零件。

2. 应用及其特点与分类

数控铣床可进行平面铣削、平面型腔铣削、外形轮廓铣削，以及空间三维复杂型面的铣削加工（模具、叶片、螺旋桨等），还可以进行钻削、镗削、螺纹切削等加工，其特点为高柔性，高生产效率，高精度，自动化程度高，能完成复杂型面的加工。

二、数控铣床安全操作注意事项

（1）进入实训场地后，应服从安排，不得擅自启动或操纵数控铣床。

（2）按规定穿戴好工作服安全帽。不许穿高跟鞋、拖鞋上岗，不允许戴手套和围巾操作机床。

（3）按照正确的顺序给机床送电。机床进行加工前，应确保工件、夹具及刀具已夹持牢固，检查各传动部件是否正常，确认无故障后，才可正常使用。

（4）未经指导老师允许，禁止动用机床设备。

（5）机床在工作状态下时，严禁变换主轴转速，应牢记机床上的警告并注意标志的内容。

（6）完成对刀操作后，要对对刀结果进行验证，方可调用程序。

（7）程序输入完成后应认真核对，确保代码正确无误且进行程序的图形模拟，严禁随意修改或删除机床参数和内部程序。

（8）在铣床操作过程中，要集中精力，选择好观察位置，注意观察，不允许随意离开岗位。发现机床运转不正常时，应立即按下急停按钮，向老师报告。

（9）在机床加工过程中，严禁用手或者其他物体触碰主轴、铣刀，或用毛刷清理工件上的切屑。

（10）操作数控系统面板及操作数控机床时，只能单人操作，严禁两人或多人同时操作。

（11）实训结束时，应切断机床电源或总电源，将刀具和工件从工作部位退出，清理安放好所使用的工、夹、量具，按规定保养、清扫机床。

三、数控铣床结构

XK7130A 数控铣床结构图如图 2-37 所示。

图 2-37　XK7130A 数控铣床结构

1—主轴；2—电气装置；3—立柱；4—冷却装置；5—数控系统；6—工作台；7—床身；8—底座

四、数控铣床操作系统

实训用 XK7130A 数控铣床配备了北京 KND 数控系统，该系统功能强大，操作简单，其面板操作单元如图 2-38 所示。

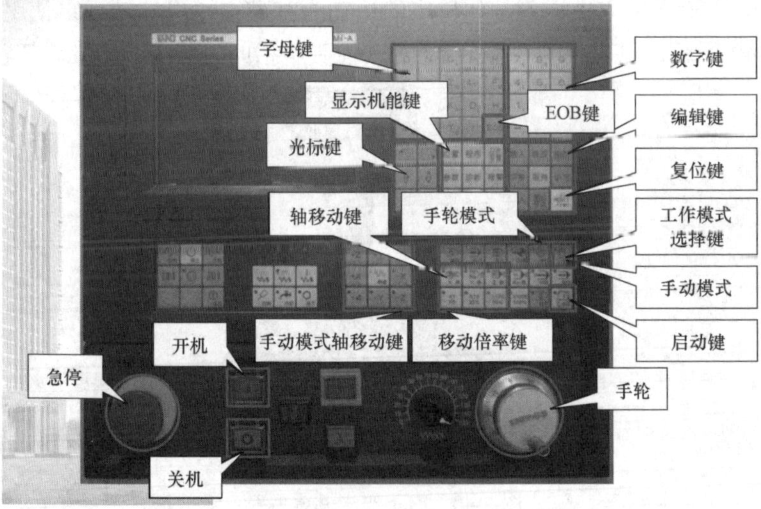

图 2-38　面板操作单元

（1）字母、数字键、编辑键区域：输入字符或数控系统指令。

（2）工作模式区域：根据不同的操作选择工作方式。“单步”，用手轮移动；“手动”，手动移动；“自动”，自动加工；“编辑”，进行编程；“录入”，启动主轴，对刀验证；“回零”，建立机床坐标系。

（3）复位键：消除报警或停止数控系统操作。

（4）轴移动键、手轮、移动倍率键：相互配合使用，用来对刀。

（5）光标键：控制光标上/下/左/右移动。

（6）启动键：相当于开始按钮。

（7）开、关机键：用于开关机。

（8）急停按钮：紧急情况，马上切断电源。

（9）手动模式轴移动键：用于回零或在手动方式下移动铣刀和工件。

（10）显示机能键区域：“位置”，显示三个坐标系；“程序”，打开程序管理器；“图形”，可以进行图形模拟；“设置”，进行对刀；“机床索引”，进入其中打开程序开关。

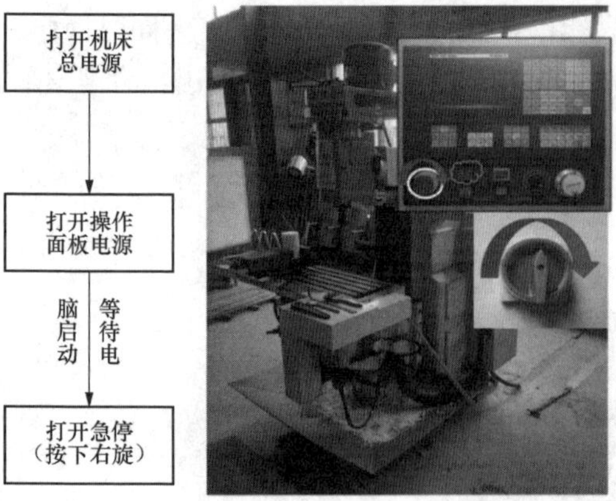

图 2-39 数控铣床开机过程

五、数控铣床安全操作流程（实操练习内容）

1. 开机

数控铣床开机步骤与开机按钮所在位置如图 2-39 所示。

（1）开机前确保急停开关处于关闭状态，再给机床通电。

（2）通电后先打开操作面板电源再旋开急停开关。

（3）关机时先关急停和面板电源开关再关总电源开关，以防送电时过高的电冲击对系统造成伤害。

2. 回零

回零的目的是确定机床坐标系，使机床的运动有基准点；坐标轴规定使用的右手笛卡儿坐标系如图 2-40 所示，以工件为参照，X、Y 轴箭头所指的方向为负方向，Z 轴为正方向。

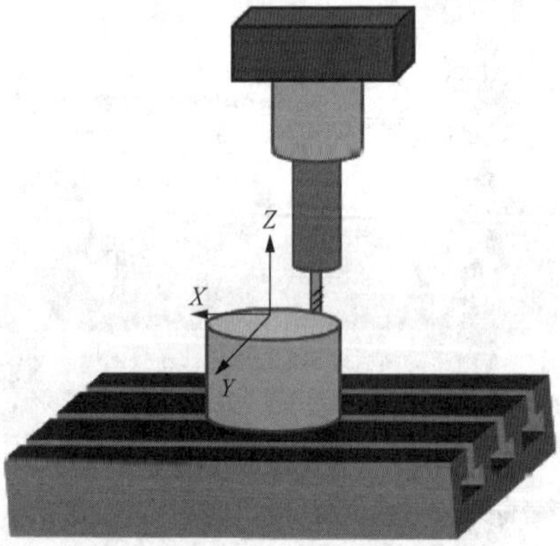

图 2-40 右手笛卡儿坐标系

（1）回参考点的方法。回参考点所使用按钮如图 2-41 所示，其操作步骤如下：

1）回零前手动把机床坐标系中 X、Y、Z 值移动到小于－20，否则回零容易超程。

2）进“回零”模式。

3）按下“＋Z”键，Z 轴开始回零，当 Z 轴回到零点后，Z 轴指示灯亮。以同样的方法按“＋X”键和“＋Y”键回零。回零成功的判断：机床坐标系下 X＝0，Y＝0，Z＝0，相应的指示灯亮，如图 2-41 所示。

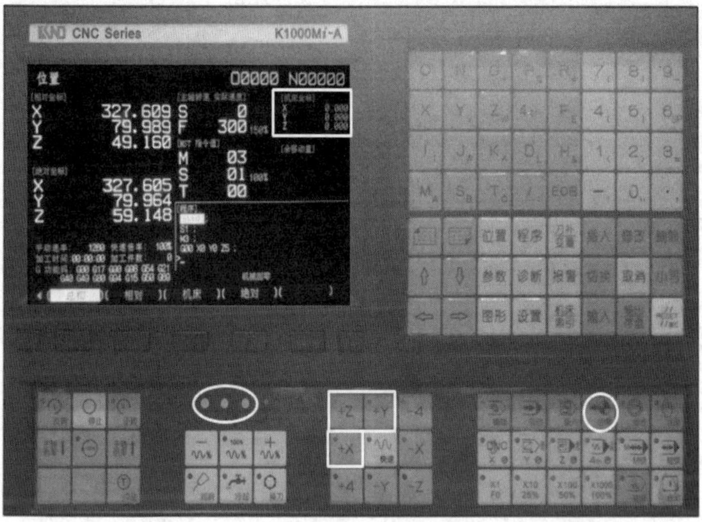

图 2-41 回参考点

（2）回参考点应注意的事项。

1）系统通电后，必须回参考点，如发生意外而按下急停按钮，则必须重新回一次参考点。

2）为保证操作安全，防止铣刀与平口钳或工件相撞，在回参考点时应首先沿＋Z 方向回参考点，然后回＋X、＋Y 方向。

3. 对刀

对刀目的是建立绝对坐标系，便于编程和加工，以图形加工中心为例，其步骤如下：

（1）启动主轴。打开“机床索引”按钮（见图 2-42），按下数字键“4”，打开程序开关。

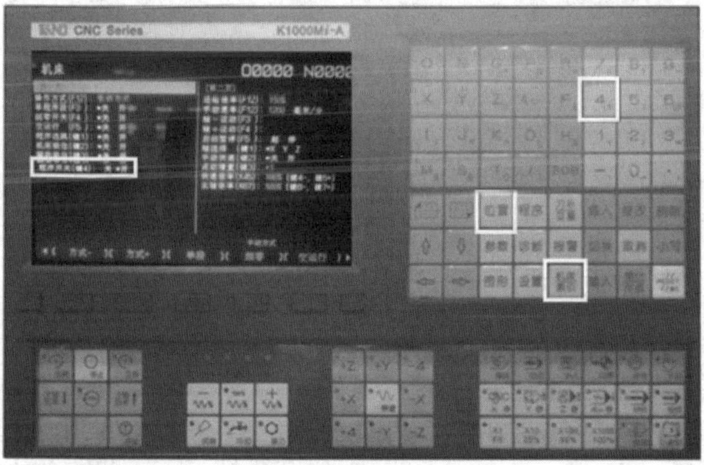

图 2-42 “机床索引”开启

按键位置如图 2-43 所示，按键顺序如下：“位置”界面，“录入”界面。输入的程序如下：

```
S1
EOB(;) 启动
M3
EOB(;) 启动
```

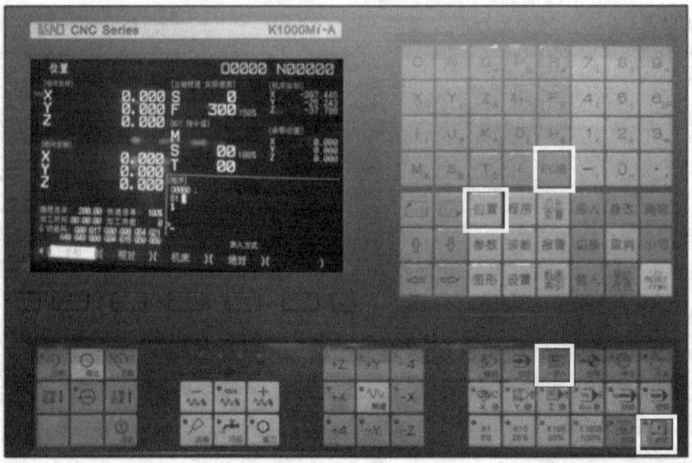

图 2-43　启动主轴

启动主轴操作注意事项：S1 和 M3 一定要分开输入。

主轴停止：按复位键或单步/手动方式下，按停止键，如图 2-44 所示。

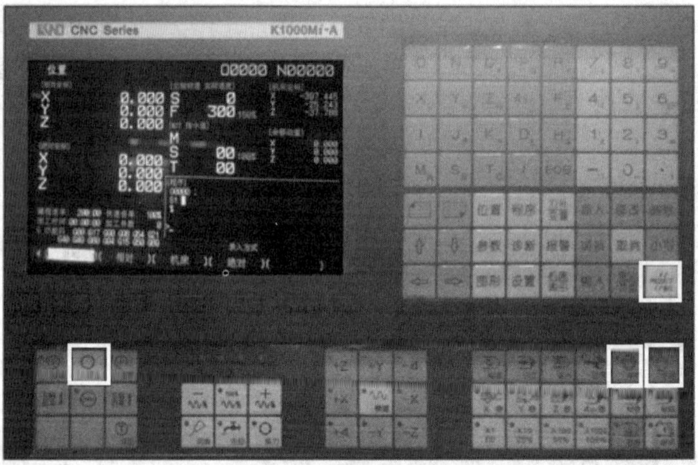

图 2-44　主轴停止

（2）单步操作方法。单步操作方法所用按键如图 2-45 所示，按键顺序如下：

1）轴选择按键：图中白色方框内上面三个按键。从左至右分别为 *X*、*Y*、*Z* 轴。

2）移动倍率按键：白色方框内下面三个按键，×1、×10、×100，控制刀架沿坐标轴移动的速度（倍率）。当选择×100 倍率时，手轮转一格刀具移动 0.1mm；当选择×10 倍率时，手轮转一格刀具移动 0.01mm；当选择×1 倍率时，手轮转一格刀具移动 0.001mm，也是本机床的最高精度。

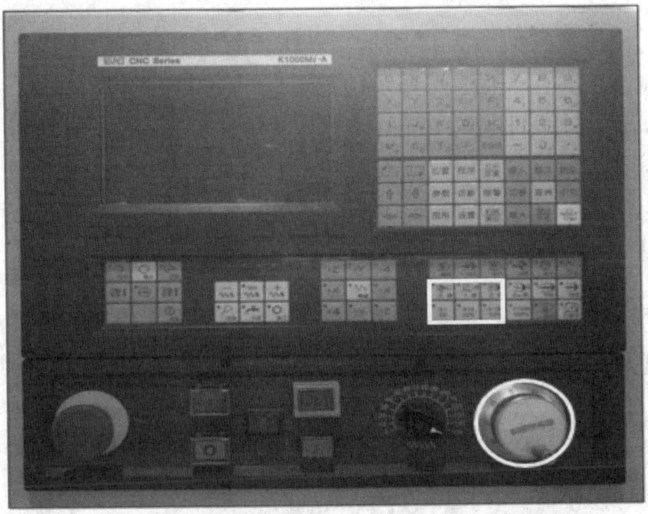

图 2-45 单步操作

3）手轮：控制刀架沿坐标轴正方向或负方向移动。顺时针转时手轮上刻度值变大，刀架沿坐标轴正方向移动；逆时针转时手轮上刻度值变小，刀架沿坐标轴负方向移动。

单步操作注意事项：×100 倍率只在快速移动时使用，铣削操作要使用×10 倍率。如果在铣削时工件振动发出噪声，需立刻停止转动手轮，检查倍率按键是否选择正确，或者手轮方向是否错误。

（3）对 X0，Y0。在单步模式下，按“正转”启动主轴，所使用按键如图 2-46 所示。

1）选择 *Z* 轴，×100 倍率，将铣刀移动至工件上表面以下 5mm 左右。

2）通过调节 *X*、*Y* 轴，把铣刀移动到合适的位置，在棒料上表面外圆上任选一点，移动铣刀贴至工件侧面刚出现切屑为止。

按“P1 设入”，记录该点 *X*、*Y* 坐标值。

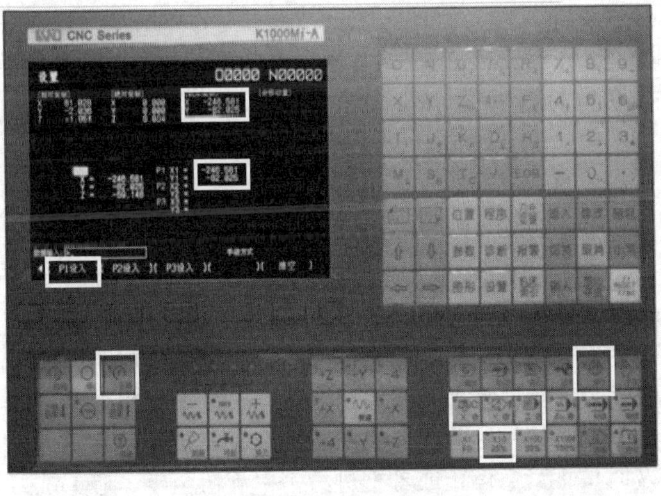

图 2-46 *X*、*Y* 轴启动

3）以同样的方法调节 *X*、*Y* 轴，使铣刀碰触工件侧面的另外两点。分别设定为 P2、P3 即可。

（4）对 Z0。所使用按键如图 2-47 所示，操作步骤如下：

1）把铣刀移动到工件上表面。选择×100 倍率，手轮逆时针旋转，将铣刀沿着−*Z* 方向接近工件上表面。铣刀距离上表面大约 10mm 时改为×10 倍率缓缓移动，当铣刀出现切屑后停下。

2）把此时机床坐标系下的 *Z* 坐标 Z-30.954 输入到数据里面，按下“输入”键。观察此时绝对坐标系下的 *Z* 值，若为 0，则对刀准确；若不为 0，则需重新对刀。

3）把铣刀移动到工件上方。

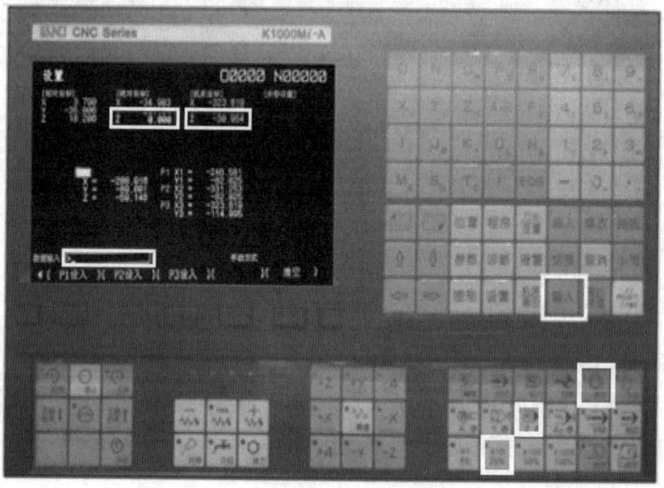

图 2-47　*Z* 轴对刀

（5）铣削注意事项。

1）手动方式下，按轴移动键只用于刀具的远距离快速移动，不能用于加工，手动铣削时，只能用手轮控制铣刀加工。

2）手轮控制铣刀进行加工时，注意×100 倍率只能用于将刀具靠近工件或者快速退刀，×10 倍率用于铣削。

3）注意手轮的旋转方向与铣刀的进给方向。手轮顺时针旋转时，铣刀正方向点动；手轮逆时针旋转时，铣刀负方向点动。

4. 对刀验证

验证对刀是否正确，其操作步骤如下：

（1）调出“位置”显示界面。

（2）进入“录入” 工作方式。

（3）输入验证程序“G01　X0　Y0　Z10　EOB（;）”。

（4）一只手放在急停按钮上，另一只手按“启动”键执行程序。

（5）铣刀停止移动后，观察铣刀是否停在圆心正上方 10mm 处。

注意：验证时注意铣刀移动位置，如果发现铣刀在 *Z* 轴方向上低于 10mm 继续往下移动说明对刀不准确，及时按下紧急停止或者把进给倍率旋钮至零。避免铣刀与工件相互碰撞发生危险。

5. 调程序加工

（1）调程序加工流程。

1）按“程序”键打开“程序管理器”，选择“编辑”工作方式。

2）移动光标，选中一个铣平程序，按“程序”键将程序文本打开。

3）先按“自动”键，然后按“启动”键，开始铣削工件。

4）程序执行完毕将工件卸下，打扫掉落在平口钳、工作台和铣刀上的切屑，换上新的工件继续加工。

（2）调程序加工注意事项。

1）一定是在“编辑”模式下打开程序，不要在“录入”模式下打开程序，否则会显示内存为 0%，无法执行程序。

2）未经模拟的程序不要直接调用加工，铣平程序都是经过验证的，不可修改，否则会出现危险。

3）在实训操作中，必须有专人在机床旁边监控机床运行状态。如果出现刀具撞击工件、机床发出噪声等异常情况，需立刻按“复位”键或直接拍下急停按钮，然后向指导老师报告，等待老师处理完后方可继续实训。

6. 数控铣床基础编程

数控铣床主要采用绝对坐标编程，绝对坐标编程以工件坐标系原点为基准的实际坐标值，铣床编程常用指令如下：

（1）准备功能 G 指令。常用 G 指令有 G00、G01、G02、G03，下面以 *XY* 平面为例介绍各指令的格式、含义如下：

1）G00 X__ Y__ Z__；快速点定位：快速移动到指定点。铣刀快速移动到 *B*（20,20）点，G00 X20 Y20。

2）G01 X__ Y__ Z__；直线插补：按 F 给定进给速度直线移动到指定点，G01 X60 Y0Z0 F120。

3）G02 X__ Y__ R__；顺时针圆弧插补。

G03 X__ Y__ R__；逆时针圆弧插补。

（2）辅助功能 M 指令和其他指令。M03，主轴正转指令；M04，主轴反转指令；M05，主轴停止指令；M30，程序结束并返回程序开头。

（3）手工编程。实际操作中，数控车床常用手工编程，根据图形一条一条输入指令编程；程序结构主要包括程序开始、内容、结束三部分。程序号为程序的开始部分，一般由字母 O+4 个阿拉伯数字；程序内容为程序的主要部分，由很多的程序段组成；程序结束一般由辅助功能 M02（程序结束）或 M30（程序结束并返回程序开头）组成。

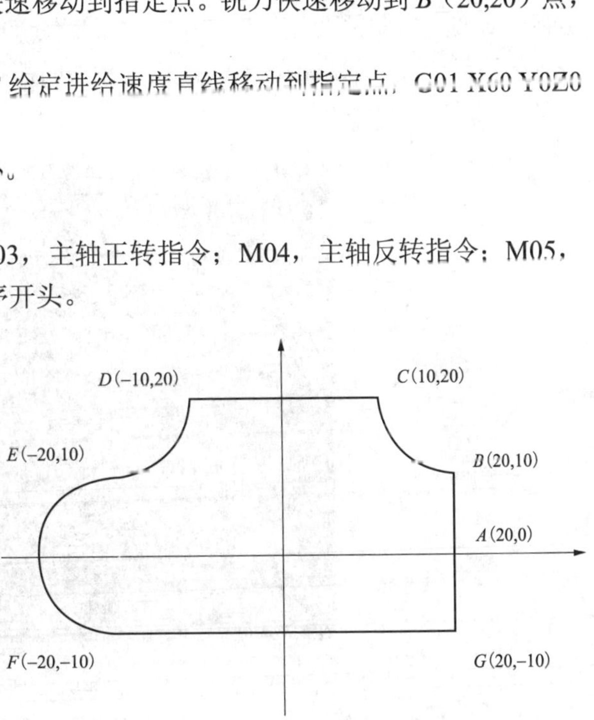

图 2-48 零件加工

（4）数控铣床的编程实例。

1）加工零件图见图 2-48。工艺分析

如下：机床，XK7130A；毛坯，ϕ80 尼龙棒；刀具，ϕ8 立铣刀；程序名，O0001。

2）程序编写。根据零件图和加工工艺进行程序的编写。

第一步：新建一个程序 O0001。按“程序”键，打开“编辑”模式，输入 O0001，按“EOB”键，新建程序并打开。

第二步：手动输入程序。

```
S1;
M3;
G00 X0 Y0 Z10;         (到达工件中心,距离工件表面 10mm 位置)
G42 H01 F150;          (添加半径右补偿,进给速度为 150mm/min)
G01 X20 Y0;  A         (选择加工起点)
Z-2;                   (选择加工深度 2mm)
X20 Y10;  B
G02 X10 Y20 R10; C
G01 X-10 Y20; D
G02 X-20 Y10 R10; E
G03 X-20 Y-10 R10; F
G01 X20 Y-10;  H
X20 Y0;  A
Z2;                    (刀具离开工件表面)
G00 X0 Y0 Z10;         (移至安全位置)
G40;                   (取消刀补)
M30;                   (程序结束)
%
```

第三步：图形模拟。图形模拟所使用的按键如图 2-49 所示。操作步骤如下：把光标移动到程序开头，按“图形”按钮进入模拟界面，依次按下“图形”“开始”，按“自动”键，然后按“M 锁”“轴锁”“空转”三个键；最后按“循环启动”按键即可。观察图形模拟的轨迹是否与图纸一致，如果出现误差，找到错误的那段并且修改程序，然后再模拟，直至与模拟图形和图纸完全一致。

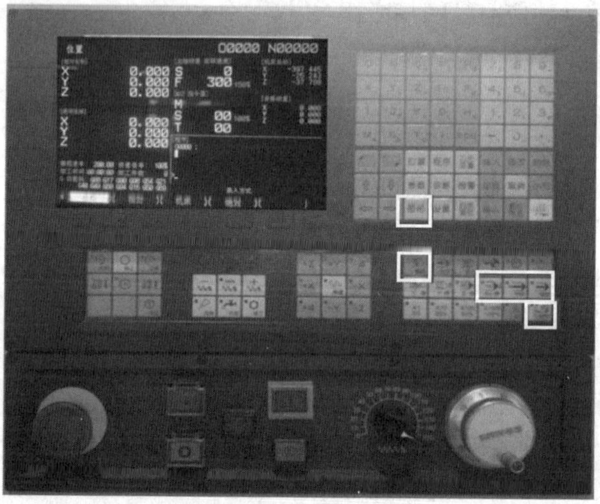

图 2-49 图形模拟

实训项目三　特种加工训练

随着工业生产和科学技术的发展，具有高硬度、高强度、高熔点、高脆性、高韧性等性能的新材料不断出现，具有各种细微结构与特殊工艺要求的零件越来越多，用传统的切削加工方法很难对其进行加工。特种加工就是在这种形势下应运而生的，目前仍在不断革新和发展。特种加工又称非传统加工（non-traditional machining，NTM）或非常规机械加工（non-conventional machining，NCM），是指那些不属于传统加工工艺范畴的加工方法。

1. 基本原理

特种加工是利用物理（电能、热能、光能、声能等）或化学（化学能、电化学能）方法对具有特殊要求或特殊加工对象进行加工，实现材料的去除、变形或改变性能的工艺手段。与传统加工相比，本质的区别是特种加工所采用的能量形式不同。

2. 加工特点

（1）加工时主要用电、声、光、热、化学等能量形式去除多余材料。

（2）“以柔克刚”，加工工具与被加工零件基本不接触，加工时不受工件强度和硬度的制约，可加工超硬脆材料和精密微细零件，甚至工具材料的硬度可低于工件材料的硬度。

（3）加工机理不同于一般金属切削加工，不产生宏观切屑，不产生强烈的弹性变形和塑性变形，可获得很低的表面粗糙度，其残余应力、冷作硬化、热影响等也远远小于一般金属切削加工。

（4）适合微细加工，有些特种加工，如超声、电化学等，不仅可加工尺寸微小的孔或狭缝，还能获得高精度、极低表面粗糙度的加工表面。

（5）两种或两种以上不同类型的能量可相互组合形成新的复合加工形式，加工能量易于控制和转换，加工范围广，适应性强。

3. 应用范围

（1）加工各种高强度、高硬度、高韧性、高脆性等难加工材料，如耐热钢、不锈钢、硬质合金、陶瓷、宝石、聚晶金刚石等。

（2）加工各种形状复杂的零件及细微结构，如喷气涡轮机叶片、注射模立体成型表面。

（3）加工各种有特殊要求（表面质量和精度很高）的精密零件。

4. 加工方法的分类

特种加工的方法有很多，按照能量形式及加工原理进行划分，主要有电火花加工、激光加工、电化学加工、电子束加工、离子束加工、超声加工、化学加工及快速成型加工。工程实训中心现有电火花加工、激光加工和快速成型加工，具体见表 3-1。

表 3-1　　特种加工分类

特种加工方法		能量来源形式	作用原理	英文缩写
电火花加工	电火花线切割加工（快走丝、慢走丝）	电能、热能	熔化、气化	WEDM

续表

特种加工方法		能量来源形式	作用原理	英文缩写
电火花加工	电火花成型加工	电能、热能	熔化、气化	EDM
	电火花穿孔加工	电能、热能	熔化、气化	EDM-D
激光加工	激光切割雕刻加工	光能、热能	熔化、气化	LBM
	激光打标加工	光能、热能	熔化、气化	LBM
快速成型	熔丝堆积法 3D 打印机	电能、热能、机械能	增材法加工	FDM

5. 对制造工艺的影响

特种加工对制造工艺的影响如下：提高材料的可加工性；改变典型零件的加工工艺；缩短新产品的试制周期；影响产品零件的结构设计；重新衡量传统结构工艺性的好坏；细微加工和纳米加工的主要手段。

6. 实训的目的和意义

（1）使学生了解特种加工的原理、特点、分类及应用，掌握常用特种机床的操作方法、应用领域及安全操作技术。

（2）提高学生独立完成零件加工的实践能力，培养学生的创新意识。

（3）通过特种加工实训，不仅能够培养学生的操作技能，拓宽专业视野，而且能够锻炼学生在安全生产、理论联系实际、综合创新和科学作风方面的素质，为后续理论课程的学习和工程技术工作打下一定的实践基础。

第一部分 电火花加工训练

一、电火花加工介绍

20 世纪 40 年代，苏联科学家拉扎林科夫妇研究开关触点受火花放电腐蚀损坏现象时，发现电火花的瞬时高温可以使局部的金属熔化、气化而被腐蚀掉，进而于 1960 年发明了电火花加工方法。

电火花加工是一种直接利用电能和热能进行加工的工艺，主要利用脉冲放电对导电材料的腐蚀作用去除材料，满足一定形状和尺寸要求的加工方法，又称放电加工或电蚀加工。

1. 火花放电原理

电火花加工过程中，工具电极和导电材料同时接到脉冲电源的两端。一次脉冲火花放电循环主要包括五个阶段，分别为电离、放电、爆炸、排屑和恢复。

（1）电离。通常电极丝和工件接在脉冲电源的两端，工件接正极，电极丝接负极。两者的表面都存在着微观的凹凸不平，在两者距离最近的点上电场强度最大，会使间隙中的液体介质电离成电子和正离子，形成放电通道，如图 3-1 所示。

（2）放电。受电场力的作用，电子高速流向阳极，正离子流向阴极，产生火花放电。

（3）爆炸。由于放电通道中电子和正离子高速运动时相互碰撞，产生大量的热能，阳极和阴极表面受高速电子和正离子的撞击，其动能转化成热能，因此两极之间沿通道形成了一个温度很高的瞬间高温热源，在热源作用区的工件表面金属会很快熔化，甚至气化。通道周围的液体介质被气化时产生了很高的瞬时压力，在高压的作用下，熔融的金属液体和蒸汽进入工作液中。以上过程都是在极短的时间内完成的，因此具有突然膨胀爆炸的特性，可以听见轻微的噼啪声。

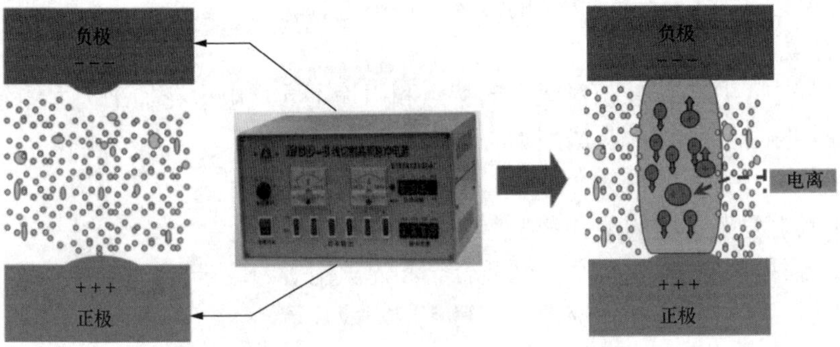

图 3-1　电离过程

（4）排屑。热膨胀产生的爆炸力使一部分熔化和气化了的金属从间隙中喷出产生火花，并将另一部分被抛入间隙中的液体介质冷却，凝固成细小的微粒随介质流动排出，如图 3-2 所示。

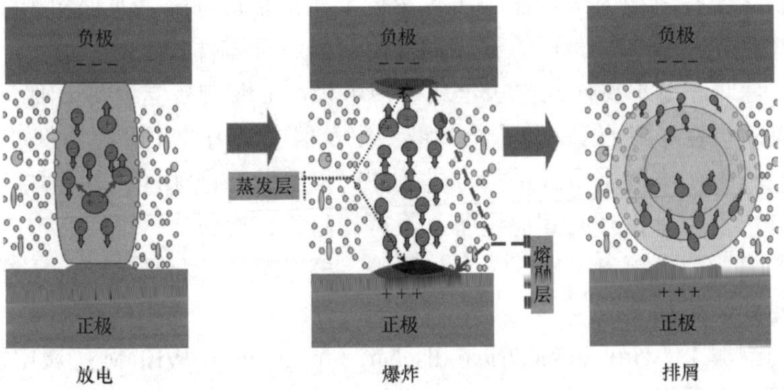

图 3-2　放电、爆炸、排屑过程

（5）恢复。在一次脉冲放电后，两极点的电压急剧下降为零，使间隙中的介质及时消除电离，恢复绝缘性能。

至此，完成 次脉冲放电过程。虽然每个脉冲放电蚀除的金属量极少，但因每秒有成千上万次的脉冲放电作用，就能蚀除较多的金属，具有一定的生产率。在保持工具电极与工件之间恒定放电间隙的条件下，一边蚀除工件金属，一边使工具电极不断地向工件进给，就能加工出各种复杂的型面。

工具电极常采用导电性良好、熔点较高、易加工的耐电蚀材料，如铜、石墨、铜钨合金、钼等。在加工过程中，工具电极也有损耗，但小于工件金属的蚀除量，甚至接近于无损耗。

工作液作为放电介质，在加工过程中还起着冷却、排屑、绝缘的作用。常用的工作液是黏度较低、闪点较高、性能稳定的介质，如煤油、去离子水和乳化液等。

2. 产生电火花的条件

基于火花放电的原理，可以看出火花放电蚀除金属必须满足以下 4 个条件：

（1）工件为金属导体。

（2）工具电极与工件被加工表面之间保持一定的间隙。

（3）火花放电为瞬时的脉冲性火花放电，相邻脉冲之间有个间隔，间隔为脉宽的3～4倍。

（4）放电必须在具有一定绝缘性的液体介质中进行。

3. 加工分类

按工艺过程中工具与工件相对运动的特点和用途不同，电火花加工可大体分为三类，分别为电火花线切割加工、电火花成型加工与电火花穿孔加工。

4. 应用领域

（1）加工具有复杂形状的型孔和型腔的模具和零件。

（2）加工各种硬、脆性材料，如硬质合金和淬火钢等。

（3）加工深细孔、异形孔、深槽、窄缝和切割薄片等。

（4）加工各种成形刀具、样板和螺纹环规等工具和量具。

5. 安全操作规程

（1）进入训练场地要听从指导老师安排，安全着装，认真听讲，仔细观摩，严禁嬉戏打闹，保持实习场地干净整洁。

（2）电加工设备属贵重精密设备，操作时必须严格遵守机床操作规程。

（3）对于机床数控系统内部存储的所有参数，严禁私自打开、改动和删除。

（4）严禁将未经指导老师验证的程序输入控制器进行零件加工。

（5）装夹工件时注意不要碰断电极丝或碰撞电极，工件安装位置要正确，以免造成超程。

（6）加工前应安装好防护罩，防止冷却液溅出及残余应力使工件在切割过程中开裂伤人。

（7）加工过程中，不可用手或手持导电体同时接触脉冲电源的两输出端，以防触电。

（8）未经许可不得私自开动其他设备，不得擅离工作岗位。

（9）实训结束关闭电源，整理好工具等物品，擦净机床并将场地清扫干净。

二、电火花线切割加工

电火花线切割加工（wire cut electrical discharge machining，WEDM），属电加工范畴。1966年，中国成功研制出采用乳化液和快速走丝机构的高速走丝线切割机床，并相继采用了数字控制和光电跟踪控制技术。脉冲电源和数字控制技术的不断发展以及多次切割工艺的应用，大大提高了切割速度和加工精度。

1. 线切割加工原理

电极丝为工具电极，被切割的导体材料为工件电极。脉冲电源正极接工件，负极接电极丝。加工过程中，在电极丝与工件之间施加足够的具有一定绝缘性能的工作液，当两者之间的距离小到一定程度时，在脉冲电压的作用下，电极丝与工件之间形成瞬间放电通道，产生瞬时高温，使金属局部熔化甚至气化而被蚀除。电火花线切割加工主要利用连续移动的细金属丝作电极，对工件进行脉冲火花放电蚀除金属、切割成型。

2. 线切割加工分类

按走丝速度不同，电火花线切割机可分为三种。

（1）高速往复走丝电火花线切割机（又称快走丝），走丝速度为6～12m/s，一般采用钼丝作电极丝，可循环反复使用。

（2）低速单向走丝电火花线切割机（又称慢走丝），走丝速度为0.01～0.02m/s，一般采用铜丝作电极丝，单方向使用。

（3）立式自旋转电火花线切割机（又称中走丝），走丝速度为1～2m/s，实现了电极丝的高速旋转运动和低速走丝的复合运动。

实训中心现有快走丝2台（型号DK7750），慢走丝1台（型号DK7625P），两者的区别见表3-2。

表3-2　　快走丝和慢走丝的区别

项目	快走丝线切割	慢走丝线切割
走丝速度（m/s）	6～12	0.01～0.02
走丝方向	往复循环运动	单向走丝
电极丝	钼丝、钨钼丝	黄铜丝、镀锌丝
工作液	乳化液	去离子水、蒸馏水
表面粗糙度 *Ra*（μm）	3.2～1.0	1.6～0.2
加工精度（mm）	±（0.01～0.02）	±（0.002～0.005）
电极丝损耗（mm）	加工（3～10）×$10^4$$mm^2$时，损耗0.01	忽略不计

3. 线切割加工特点

（1）不需要制造形状复杂的工具电极，就能加工出以直线为母线的任何二维曲面。

（2）能切割0.05mm左右的窄缝。

（3）加工过程中并不把全部多余材料加工成为废屑，提高了能量和材料的利用率。

（4）在电极丝不循环使用的低速走丝电火花线切割加工中，由于电极丝不断更新，有利于提高加工精度和减小表面粗糙度值。

（5）电火花线切割能达到的切割效率一般为20～60mm^2/min，最高可达300mm^2/min；加工精度一般为±（0.01～0.02）mm，最高可达±0.004mm；表面粗糙度一般为*Ra*2.5～1.25μm，最高可达*Ra*0.63μm；切割厚度一般为40～60mm，最厚可达600mm。

4. 线切割加工的应用领域

电火花线切割加工主要用于模具制造，在样板、凸轮、成形刀具、精密细小零件和特殊材料的加工中也得到日益广泛的应用。此外，在试制电机、电器等产品时，可直接用线切割加工某些零件，省去制造冲压模具的时间，缩短试制周期。电火花线切割加工的应用领域如图3-3所示。

微细结构与窄缝　　复杂形面

图3-3　电火花线切割加工的应用领域（一）

平面曲线　　　　特殊材料

图 3-3　电火花线切割加工的应用领域（二）

三、快走丝线切割加工

1. 加工原理

钼丝为工具电极，被切割的导体材料为工件电极。脉冲电源加在工件与钼丝之间，工件接正极，钼丝接负极。在加工过程中，在钼丝与工件之间浇注工作液介质（乳化液、去离子水等），电极丝与工件并不接触，主要利用钼丝与工件之间的脉冲性火花放电产生的局部瞬时高温把工件蚀除掉，如图 3-4 所示。

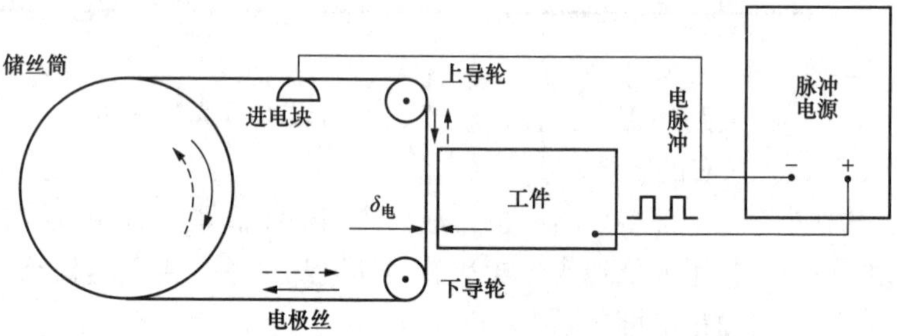

图 3-4　加工原理

工件安装在工作台上，工作台通常由 X 轴和 Y 轴电动机驱动。工具电极为 $\phi0.1 \sim \phi0.2$mm 的钼丝，钼丝缠绕在储丝筒上，电机带动储丝筒做正反方向的往返运动，走丝系统带动钼丝沿其轴向移动。

控制系统根据预先输入的工作程序输出相应的信息，使工作台做相应的移动，工件与钼丝靠近。当两者接近到适当距离时（0.01～0.04mm）便产生火花放电，蚀除金属。金属被蚀除后工件与钼丝之间的距离加大，控制系统根据这一距离的大小和预先输入的程序，不断地发出进给信号，使加工过程持续进行。

2. 加工设备

工程实训中心现有快走丝切割机床 2 台，型号 DK7750，各个符号的含义见表 3-3。

表 3-3　DK7750 的含义

型号	D	K	7	7	50
含义	类别代号 电加工	数控装置 G：高精度	组别代号 电火花线切割	机床类型 高速走丝	主参数 工作台横向行程 500mm

DK7750 机床主要由机床本体、高频脉冲电源和控制器三大部分组成，见图 3-5 和图 3-6。

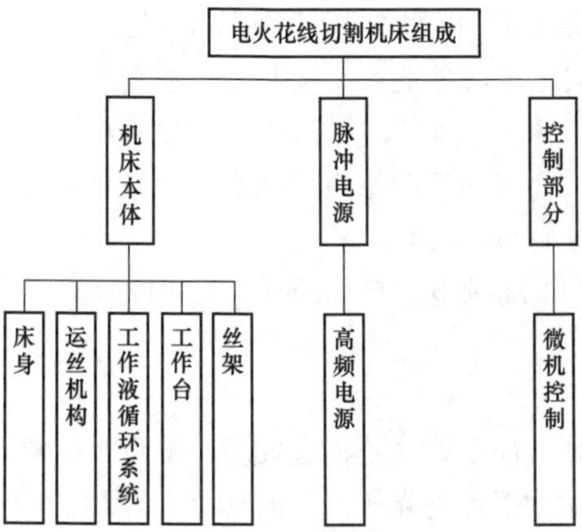

图 3-5 DK7750 机床结构

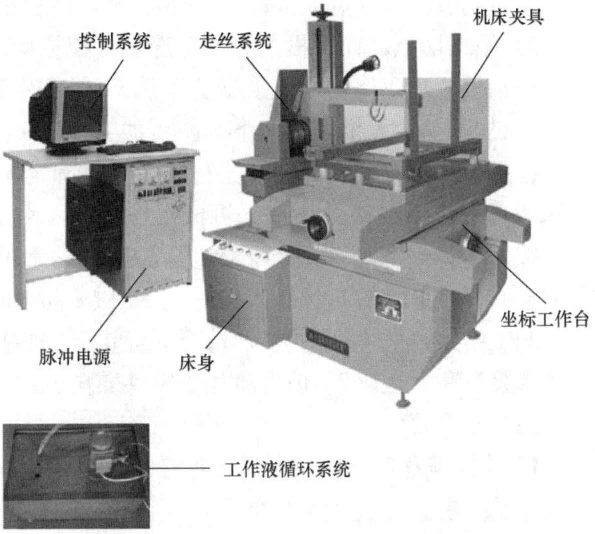

图 3-6 DK7750 机床

其中，机床本体主要由床身、坐标工作台、储丝筒、丝架、工作液箱等组成，各部分结构具体介绍如下：

（1）床身：箱形铸铁件，其内部安装电气设备和工作液箱，其上部安装工作台、储丝筒、丝架等部件。床身上部呈盘形倾斜面结构，工作液若溅到床身上面，可经管道流回内部的工作液箱。

（2）坐标工作台：主要由上/下拖板、滚珠丝杠、变速齿轮箱等组成，拖板的纵/横运动系统采用滚动导轨结构，分别由步进电机经两对消隙齿轮传动滚珠丝杠来实现。

（3）储丝筒：由薄壁无缝钢管制成。运动由电动机通过弹性联轴节传动储丝筒，再经同步带传动储丝拖板丝杠进行排丝。储丝筒拖板频繁换向采用一组行程开关来控制，左、右撞块上备有行程开关，当行程开关换向失灵时，会自动切断运丝电机电流并刹车。

（4）丝架：由立柱、固定臂、滑动臂组成，刚性较好。导轮采用密封式结构丝架，钼丝垂直调节方便。立柱上有两个旋钮用以调整上、下喷水嘴的工作液流量。

（5）工作液箱：水泵把工作液送至加工区域，然后通过流水槽、下水管流回工作液箱，电蚀产物也随工作液流入工作液箱，沉积在沉淀箱内。加工时的工作液采用 5%～10%的皂化油溶液。根据加工情况应定期清洗沉淀箱，更换工作液。

（6）脉冲电源：采用矩形脉冲，相邻脉冲之间有个间隔，间隔为脉宽的 3～4 倍。

（7）控制系统：采用微机控制，对绘图编程、模拟切割、加工等过程进行控制。

（8）附件：夹具（成组的夹具用以固定平板形或圆柱形工件，系压板螺钉结构，用 T 型螺钉把工件固定在工作台上）、摇把（用于绕丝时转动储丝筒）、垂直校正器（用于校正钼丝相对于工作台的垂直度）。

3. DK7750 实训操作

（1）操作步骤。

1）Pro 绘图编程。计算机主界面下选择“Pro 绘图编程” →编辑图形（AutoCAD 软件画图）→文件另存为*. DAT→主菜单（1 数控程序）→加工路线（设置加工起始点、加工轨迹、尖点圆弧半径、补偿间隙）→主菜单（3 文件存盘*.3B）→主菜单（Q 退出系统）。

2）模拟切割。计算机主界面下选择“模拟切割”→打开要加工文件→按 F3 键（修改参数，包括设置加工比例、转换坐标系等）→按 F1 键（模拟开始）→按 Enter 键（2 次）。

3）加工。计算机主界面下选择“加工 1”→切割→打开要加工文件→按 F3 键（修改参数，包括设置加工比例、转换坐标系等）→确定加工区域，并调整钼丝和加工材料的位置，让两者靠近但不要接触→按下机械操作手柄“水泵”和“运丝”，加工作液，并将丝运转起来→按 F11 键，施加高频矩形脉冲电源→摇动手轮，确定加工起始点（出现电火花，停止摇动手轮）→按 F12 键，锁住手轮→按 F1 键→按 Enter 键（2 次）。

加工结束，按“空格键”，选择“停止”，此时 F11 高频电源自动断开，按 F12 键，并取消“水泵”和“运丝”，最后将加工零件取出。

（2）操作要领。

1）绘图编程时，所绘制的图形必须为封闭的图形（加工终止点即起始点，图形上任意一点只能是两条直线或曲线的交点），当图形中有“重合线”（块菜单）、“孤立点”（点菜单）、断线、交叉延长线时，走加工路线时，容易出现错误，这时需要到对应的菜单下逐一修改。

2）加工起始点选图形最外围的任意一点。

3）模拟切割时，显示图形大小为实际大小，此时尽量避免使用“Pageup”和“Pagedown”。

4）加工前，根据图形大小选择加工区域，通过火花放电确定加工起始点。

5）加工结束，在确保电源断开和电极丝未卡在工件材料里时，才可以取出加工零件。

（3）注意事项。

1）注意切割加工工件的尺寸，以免造成超程。

2）加工过程中，严禁用手触摸电极丝，以免造成割伤；严禁取下电极丝防护罩，避免电极丝断丝造成伤害。

3）加工过程中，不可用手或手持导电体同时接触脉冲电源的两输出端，以免触电。

（4）实操内容。

1）经过讲解，能完成图形的绘制、存储，零件要素符合要求，零件设计有创意。

2）独立完成图形文件向加工文件的转化并模拟切割。

3）独立启动机床并加工。

四、慢走丝线切割加工

1. 加工原理

电火花慢走丝线切割机床（WEDM-LS），主要采用连续移动的细铜丝作为工具电极，在脉冲电源的作用下，工具电极和加工材料之间产生火花放电，放电通道间释放出大量的热量，局部高温将金属熔化或气化，进而蚀除金属，切割成形。

2. 加工设备

工程实训中心现有实习用“慢走丝”线切割机床 1 台，型号 DK7625P，符号的含义见表 3-4。

表 3-4 DK7625P 的含义

型号	D	K	7	6	25	P
含义	类别代号 电加工	数控装置 G：高精度	组别代号 电火花切割	机床类型 低速走丝	主参数 工作台横向行程 250mm	工作液 喷流式

7625P 机床主要由机床本体、控制系统和工作液系统三大部分组成，如图 3-7 所示。

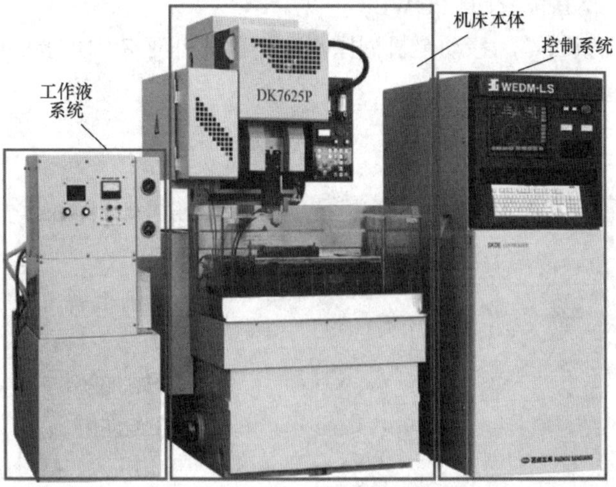

图 3-7　DK7625P 机床结构图

3. 慢走丝的先进性

（1）加工表面质量日益完善。例如，纳秒级大峰值脉冲电源技术，峰值电流 1000mA，形成气化蚀除；防电解脉冲电源，防止工件材料氧化。

（2）加工效率明显提高。

1）较大厚度工件的加工高效率：DK7625P 系列机床加工效率≥210mm^2/min。

2）厚度变化工件的加工高效率：自动检测加工件的厚度，自动调整加工参数，防止断丝，达到该状态的最高加工效率。

3）双丝自动交换技术：瑞士阿奇夏米尔公司 ROBOFIL 2030S1-TW 机床能自动进行双丝切换加工。采用粗丝进行第一次切割，一般丝径为 0.25mm，以提高加工效率；然后采用 0.10mm 的细丝进行修整，切割小圆角，提高精度，总体可节省 30%～50%的切割时间。

4）快速自动穿丝技术：日本牧野公司，自动穿丝时间<15s；日本沙迪克公司，穿丝时间为 13s；日本三菱电机公司，当板厚为 50mm 时，穿丝时间为 10s，切丝、穿丝总时间为 25s。

（3）慢走丝的结构精度。

1）固定工作台立柱移动结构：提高工作台承重不受喷水和工件重量变化影响。

2）耐腐蚀大理石工作台面：降低温度变化对切割精度的影响。

3）电机伺服，闭环检测：响应度高，保持稳定放电。

4）五轴数控、四轴联动：X、Y、Z、U、V 轴。

5）电极丝张力控制系统：恒定张力，防止断丝。

6）高精度对刀：对刀精度可达±0.005mm，不损伤工件。

7）喷流式加工：减小工件热变形。

8）控制温度：水温冷却装置使机床内部温度与水温相同，减小了机床热变形。

4. DK7625P 实训操作

（1）操作步骤。

1）接通电源。

2）打开 SOURCE 开关。

3）计算机完全启动后，打开 POWER 开关。

4）将 *X*、*Y* 轴机械回零。移动至机械原点，切割斜度时 *Z* 轴也要回零。

5）电极丝校垂直。

6）装夹工件。

7）电极丝定位。

8）输入编辑的程序（图形引导编程或手动输入程序）。

9）加工前准备（运丝、开喷流、调丝速、调张力等）。

10）开始加工。

（2）操作详解。

1）启动机床。打开机床总电源开关→打开 SOURCE 开关→计算机完全启动后，打开 POWER 开关。

2）*X*、*Y*、*Z* 轴机械回零。回零/校垂直→功能（回零点）→选择回零点的轴（*X*、*Y*、*Z*）→开始，如图 3-8 所示。

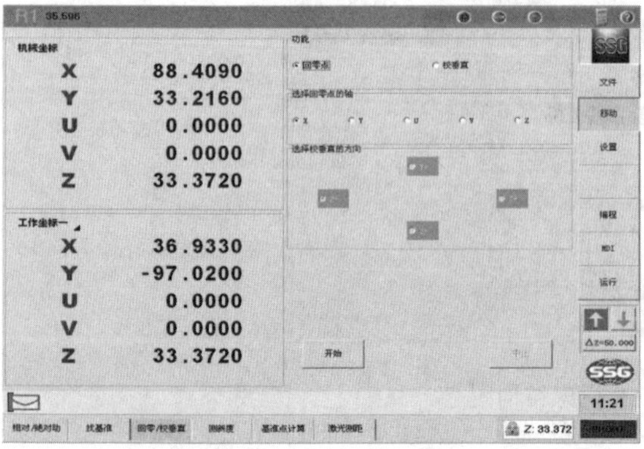

图 3-8　*X*、*Y*、*Z* 轴机械回零

3）电极丝校垂直。根据电极丝传送装置，穿丝，对电极丝校垂直：回零/校垂直→功能（校垂直）→选择校垂直的方向（*X*+、*X*−，*Y*+、*Y*−）→开始。电极丝传送装置如图 3-9 所示。

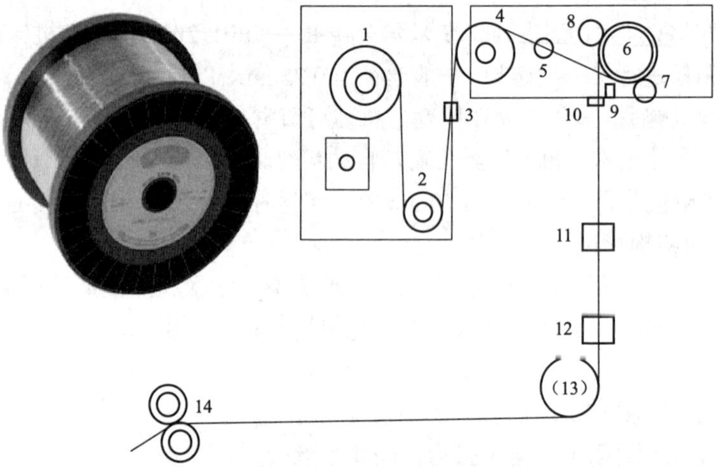

图 3-9　电极丝传送装置

1—电极丝线架；2—套筒轴；3—导向钩；4—滑轮；5—毡轮；6—张力控制器；7、8—压轮；9—断线检测器；10—导向孔；11—上导向器；12—下导向器；13—下导丝轮；14—送丝滚轮

4）工件装夹。一般以工作台面为基准，且工件上、下表面与侧面须经过研磨。用夹具把工件平行地轻轻固定在工作台上面，安装后用千分表将工件拉平，如图 3-10 所示。

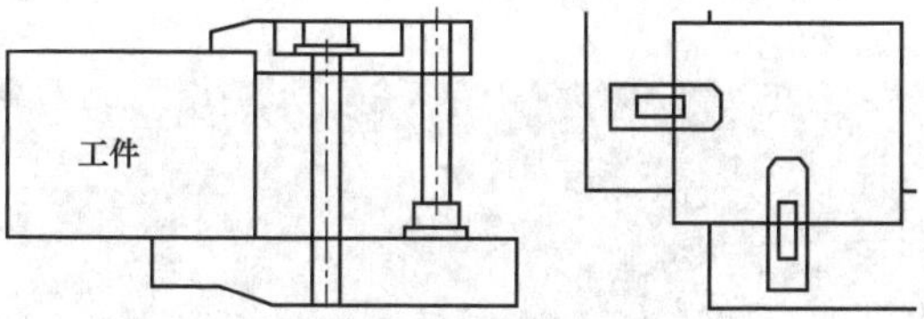

图 3-10 工件装夹

5）工件的定位（找基准）。找基准→方向（$X+$、$X-$，$Y+$、$Y-$）→功能（对边、内分中、定中心）→开始。找基准主要包括三个步骤：①对边（边缘找正）；②X、Y 轴四个方向的找正、内分中；③定中心，完成对称图形内孔的找正，具体操作如图 3-11 所示。

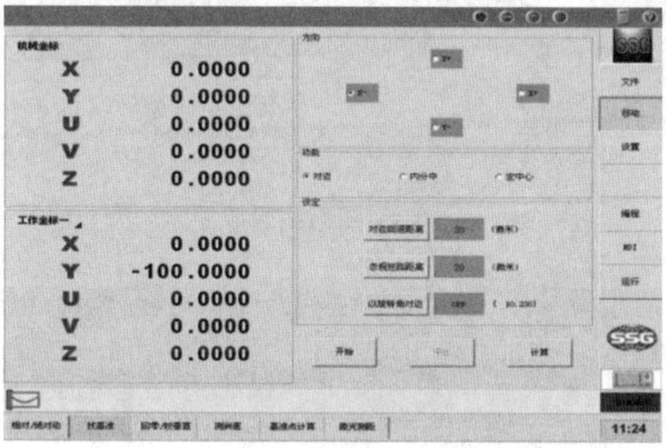

图 3-11 找基准

边缘找正后，设置相应方向铜丝的回退距离：相对/绝对移动→移动距离（轴正方向是正值，反方向是负值）→开始。

切割时，要计算回退距离和铜丝的直径，具体见图 3-12。

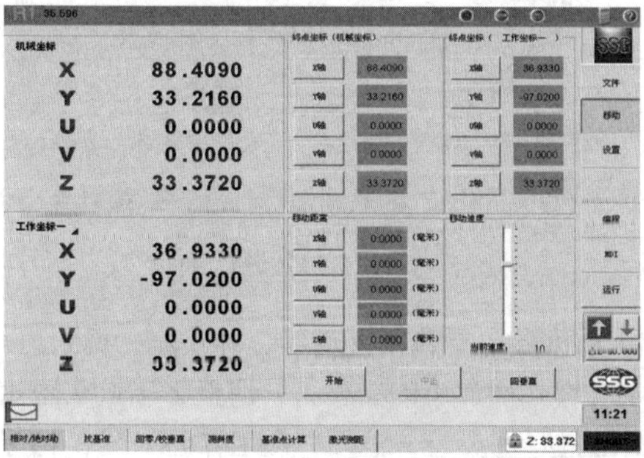

图 3-12 轴移动

6）输入编辑的程序。系统编辑程序的方式有两种：一种是手动编程，根据图形一条一条输入指令编程；另一种是图形引导编程，画图自动生成程序。这里主要采用图形引导编程，步骤为画图→轨迹生成→ISO 代码生成→模拟，见图 3-13 和图 3-14。

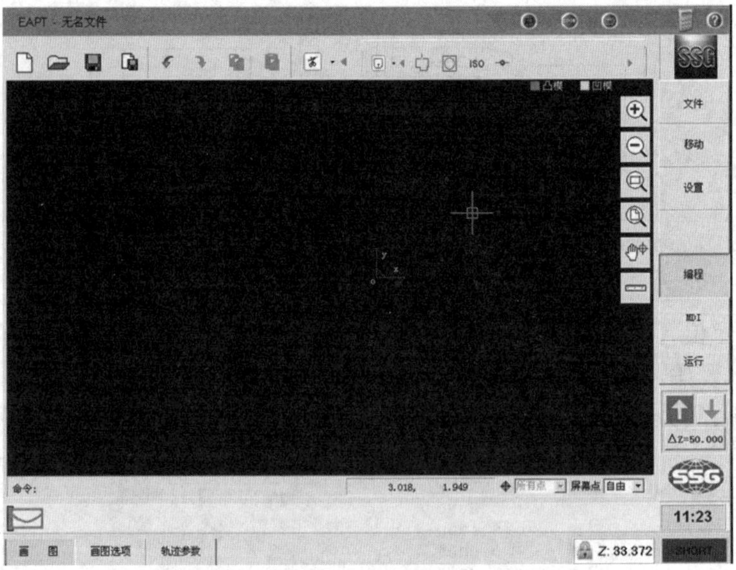

图 3-13　图形编辑界面

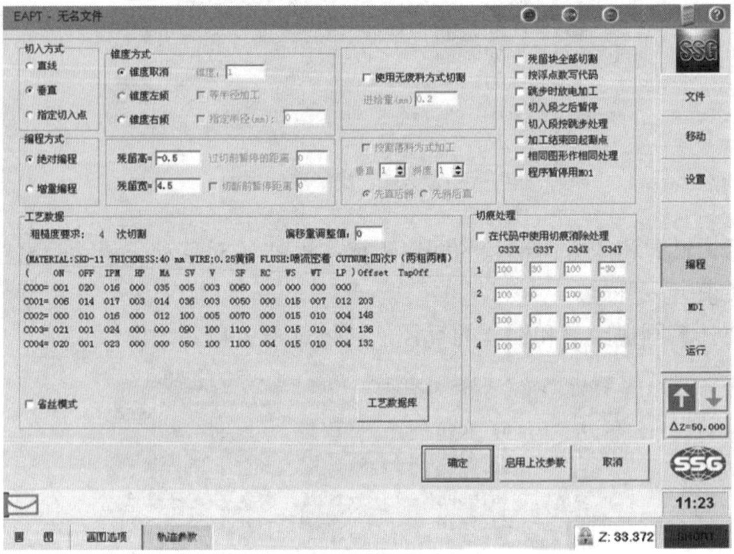

图 3-14　轨迹参数设置界面

7）加工前准备。加工前准备主要包括开运丝、开喷流、调张力与反张力。

8）开始加工。文件名（选择要加工的文件）→调整 Z 轴机头距离工件表面的距离→调整电参数→开喷流（用皮围裙包好机头）→运行。加工界面如图 3-15 所示。

（3）操作要领。

1）要求工件侧面或内孔干净、光滑，否则影响精度。

2）在孔内穿丝，电极丝要移动到孔的中心附近，不要和工件接触。

3）定位过程中，铜丝轻碰工件时如果不放电，说明处于短路状态。

4）开喷流之前要包好工作台。

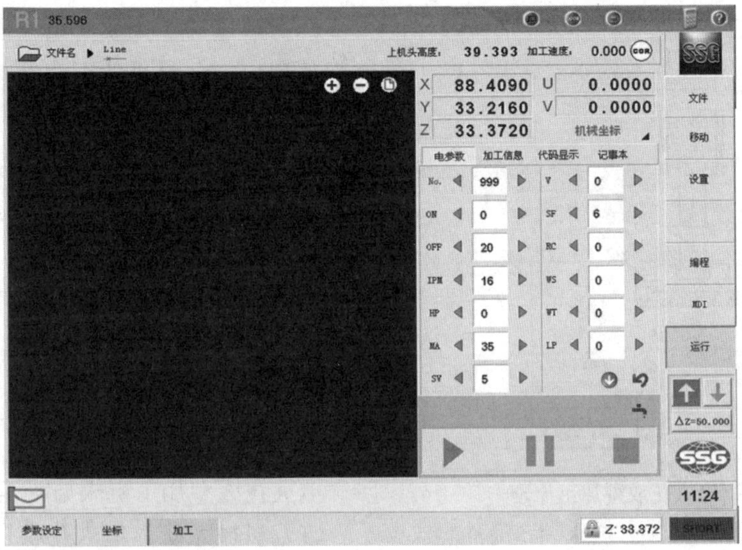

图 3-15　加工界面

5）调整 Z 轴机头距离工件表面距离的时候，功能锁要锁住，这样到达指定位置，就会报警。

6）电参数调整要从小能量到大能量，如果断丝，说明能量太大，则换小能量参数，穿丝后，继续切割。能量由小到大的设置参数为 C888、C890、C200、C001、C400、C410、C420。

（4）注意事项。

1）使用前，检查机器的两个急停开关，使其处于压下急停状态。

2）加工开始前，检查工作液系统，观察水箱液位是否在安全位置，喷流系统运转是否正常。严禁在工作液液面低于安全液位情况下加工工件，未经指导老师允许，不得给机器加注工作液。

3）加工准备时，控制好 Z 轴下降速度，以防损坏机头上的大理石部件。

4）机床运行时，请勿触及电极丝、工件及夹具体。

（5）实操内容。

1）经实训指导教师讲解，能完成图形绘制、存储；零件设计要素符合要求，有创意。

2）正确设置参数，并进行模拟。

3）独立启动机床并加工。

五、电火花成型加工

1. 加工原理

电火花成型加工是在液体介质中进行的，机床的自动进给调节装置使工具和工具电极之间保持适当的放电间隙，当工具与工件之间施加很强的脉冲电压（达到间隙中介质的击穿电压）时，会击穿介质绝缘强度最低处。由于放电区域很小，放电时间很短，所以能量高度集中，使放电区的温度瞬时高达 10000～12000℃，工件表面和工具电极表面的金属局部熔化、甚至气化蒸发。局部熔化和气化的金属在爆炸力的作用下抛入工作液中，并被冷却为金属小颗粒，然后被工作液迅速冲离工作区，从而使工件表面形成一个微小的凹坑。

一次放电后，介质的绝缘强度恢复等待下一次放电，如此反复使工件表面不断被蚀除，并在工件上复制出工具电极的形状，从而达到成型加工的目的。

电火花成型加工原理如图 3-16 所示。

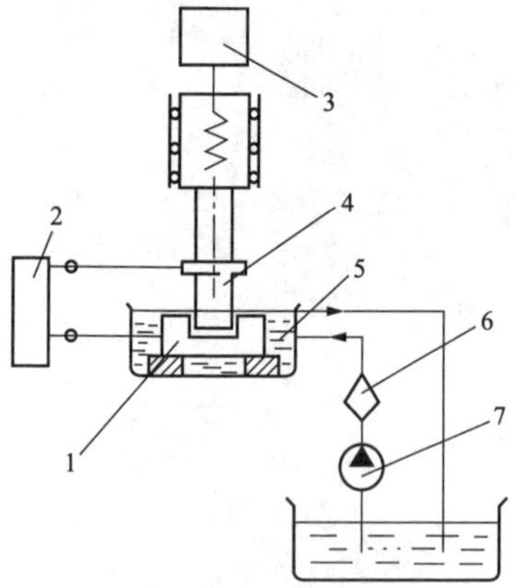

图 3-16 电火花成型加工原理

1—工件（导电材料）；2—脉冲电源；3—自动进给装置；4—工具电极；5—工作液（煤油）；6—过滤器；7—泵

2. 加工应用

电火花主要应用于模具加工，加工范围主要如下：①穿孔加工，加工模具中的各种异形孔和微形孔；②型腔加工；③强化金属表面，凸凹模刃口；④磨削平面或圆柱面。

3. 加工设备

电火花成型加工机床见图 3-17。

（1）机械系统。电火花成型加工机床机械系统主要包括：①坐标轴，X 轴、Y 轴、Z 轴（主轴、辅轴用于调节行程），三轴显示，单轴（Z）数控；②平动头，主要用于型腔的加工；③坐标工作台；④夹具，电极夹具，可以调节于主轴的垂直度；⑤防火装置；⑥进出油开关。

图 3-17 电火花成型加工机床

（2）工作液循环过滤系统起到不断排除电蚀物、提高加工精度的作用。

（3）脉冲电源（脉冲发生器）调节电流幅值、脉宽和脉冲间歇等参数，满足粗、中、精加工的需要。

（4）控制系统如图 3-18 所示。

1）操作显示画面。打开控制系统，操作显示界面及各部分含义如下：

状态显示视窗：显示执行状态，包含计数器、总节数执行单节及 Z 轴设定值。

位置显示视窗：显示各轴绝对坐标、增量坐标。

程式编辑视窗：自动加工专用。

加工材质视窗：显示所选择的加工材质。

讯息视窗：显示加工状态及信息。

功能键显示视窗：F1～F8 操作按键。

输入视窗：显示输入值。

EDM 参数显示视窗。

加工深度视窗。

2）操作面板。操作面板各部分含义如下：

功能键：F1～F10。

数字键：0～9。

ENTER 键：输入键。

YES/NO：询问问答键。

←退后键：用于删除错误输入。

▲移动键：用于程式编辑及轴向选择。

一键：输入为负值。

3）报警信号区（见图 3-19）。

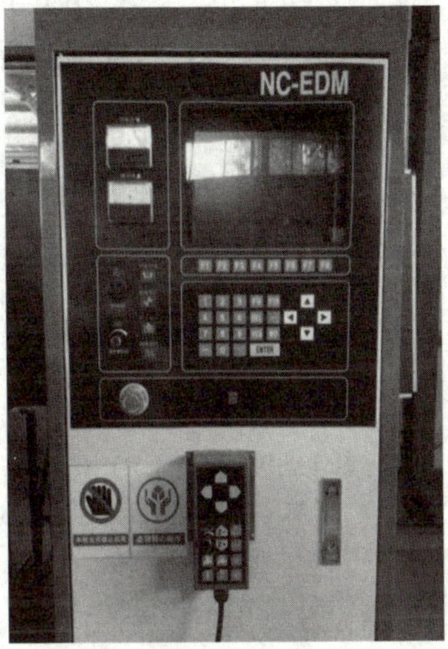

图 3-18 控制系统

深度到达：指示灯亮表示 Z 轴深度到达，蜂鸣器持续报警，按“Z－”键可消除声音。

碰边指示：指示灯亮表示电极与工作物接触，接触时蜂鸣器持续报警。按遥控器上的校正电极键可消除报警声，但注意电极保护装置会自动取消。

防火指示：指示灯亮时，表示侦测到火花，并停止加工。注意打开石英灯可能引起火警误动作，火警报警后关闭电源重新启动，取消报警。

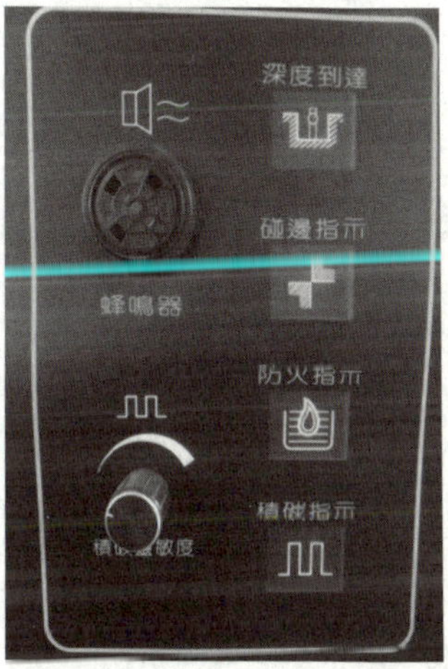

图 3-19 报警信号区

积碳指示：指示灯亮时，表示侦测到积碳，蜂鸣器报警并停止加工，按放电加工键可消除报警。

积碳灵敏度：打开旋开关，即表示进行自动侦测调整理想波形，其灵敏度可依情况适当调整。

4）加工电压、电流显示。

5）手动操作面板。

4. 成型机实训操作

（1）操作步骤。①开电源开关；②电脑出现 3G EDM，打开紧急开关；③Z 轴碰面，归零，定中心；④打开进油 ON，油位开关 ON（由灭到亮）自动；⑤选择单节或自动放电，设参数；⑥加工 ON；⑦深度到达，报警；⑧按“Z－”键消除报警；⑨进油 OFF，放油。

（2）操作详解。

1）开机、关机。

开机：电源箱开关→显示器画面出现“3G EDM”→打开紧急开关。

关机：按下紧急开关→关电源箱开关。

2）Z 轴对面（加工前）。

方法一（不放电）：开电源开关→急停开关→移动 Z 轴向下（按“Z＋”键）→报警→F4 位置归零→按“Y”键→按“Z－”键消除报警。

方法二（放电）：电源开关→急停开关→油位开关 ON→加工放电 ON，电压表 250V 左右

→Z 轴自动下降→“Z”示数不变，有电火花→按 F4 键位置归零→按“Y”键→加工 OFF→按“Z－”键上升，否则 Z 轴自动下降至设定值会自动上升并且报警。

3）定中心。X 轴（不放电）：开电源开关→急停开关→移动 Z 轴向下（按“Z＋”键）→移动 X 轴手柄→报警→X 轴位置归零（绝对坐标）→上升 Z 轴→移动到工件另一边的 X 轴→移动 X 轴手柄→报警→按 F6 键中心位置→按“Y”键（绝对坐标 X 除以 2）→移动 X 轴手柄至绝对坐标为 0 处即为 X 轴的中心，电压表显示 250V 左右。

放电情况下，要锁上 Z 轴不下降，打开油位开关，打开加工放电 ON。在加工放电 ON 状态下，Z 轴会自动下降，超过 Z 轴设定值，认为加工结束。

4）手动放电操作。按 F1 键单节放电→输入加工深度→按 F7 键放电，修改参数（修改单个或自动匹配按 F10 键）→油灯（ON）（灯亮加工，若中间过程漏油，低于指示高度，灯灭，及时处理）→放电加工 ON→尺寸到达，Z 轴自动上升至安全预设高度，蜂鸣器报警，按“Z－”键消除。欲再修改 Z 轴深度值时，停止放电，按 F1 键修改。

5）程式执行。按 F2 键自动放电，按 F3 键程式编辑→按 F2 键自动放电。自动放电时，可单节修改参数，按修改后的加工，下一节不修改即按原参数加工。

6）编辑。按 F1 键插入单节，按 F2 键删除单节，按 F3 键条件减少，按 F4 键条件增加，按 F5 键存档，按 F6 键跳出。

注意：所有单节 Z 轴深度依次增加，最后单节 Z 轴深度等于 Z 轴设定值。各参数修改按 F3、F4 键，位置归零按 F4 键，设定位置按 F5 键，中心位置按 F6 键，EDM 放电条件参数修改按 F7 键。

（3）操作要领。

1）加工之前，工具电极的形状要和加工零件的形状一致。

2）加工过程要一直在液体中进行。

3）手控盒操作时，需将紧急开关打开。

（4）注意事项。

1）工作液为专用煤油，易燃易挥发，严禁任何人携带火种进入实训车间。

2）机器启动前，检查机器主轴左侧的灭火器（灭火器指针在绿色区域为有效，红色区域为失效），检查控制柜正面急停开关，使其处于压下急停状态。

3）加注工作液前，检查循环出口处橡胶管道，使其弯角大于 90°，保证排液流畅。

4）加工时，液面到放电工作面之间的距离不小于 5cm。

5）加工过程中，不得擅离工作岗位。操作过程出现问题或遇突发情况，请直接按下急停按钮，切断电源，报告指导老师，由指导老师做进一步处理。

（5）实训内容。

1）正常启动、关闭机床。

2）经过讲解，能独立完成相应零件的加工。

六、高速细孔放电加工机

高速细孔放电加工主要解决微孔加工、深小孔加工、异形小孔加工、特殊超硬材料的小孔加工等难题。

1. 加工原理

高速细孔放电加工除了遵循电火花加工的基本原理，还具有自身的特点：

（1）采用中空的管状电极。

（2）管状电极中通有高压工作液，以强制冲走加工蚀除产物。

（3）加工过程中电极要做旋转运动，可以使管状电极的端面损耗均匀，不致受到电火花的反作用力而产生振动倾斜。

2. 加工范围

高速细孔放电加工机主要用于加工不锈钢、淬火钢、硬质合金、铜、铝等各种导电材料；直径为ϕ0.3～ϕ3mm 的小孔，深径比可达 200∶1 以上。

3. 加工设备

如图 3-20 所示，高速细孔放电加工机各部分结构如下：

（1）主轴：主轴头装在立柱上、立柱装在底座上。

（2）旋转头：装在主轴头的滑块上，由主滑块带动上下运动。实现电极的装夹、旋转、导电及旋转时高压工作液的密封。

（3）坐标工作台：装在底座上，完成工件的装夹和前后左右移动。

（4）机床电气设备：安装在床身内的底座上，装有脉冲电源、主伺服系统、电机。

（5）操纵箱：装在立柱正上面，面板上装有操作开关及按钮。

（6）工作液系统：放置在床身内部，工作液储存、过滤并运送至旋转头，由工作液箱、过滤器、高压泵、调节阀、管道及工作液桶组成。工作液为蒸馏水或者自来水，置于工作液桶，经工作台积液排入废液桶。

图 3-20 高速细孔放电加工机

4. 操作面板

操作面板如图 3-21 所示。

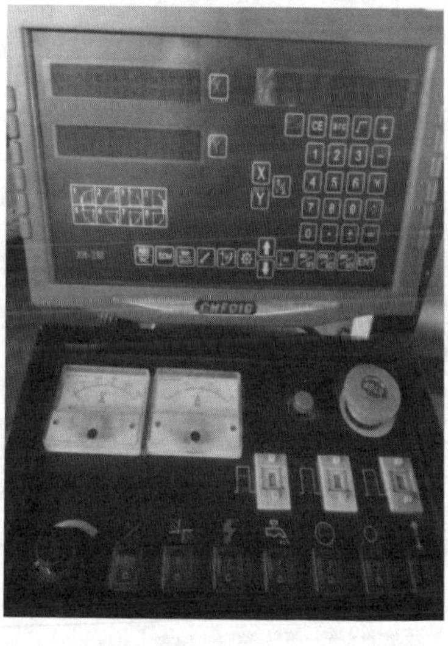

图 3-21 操作面板

（1）电压表：显示加工间隙电压。

（2）电流表。

（3）急停开关。

（4）脉宽选择开关。

（5）脉冲间隔选择开关。

（6）脉冲强度选择开关。

（7）伺服调节旋钮：加工时可以调整加工电压。

（8）电极选择开关。

（9）靠边定位开关：用于对刀定位。该开关打开时，若电极碰到工件，蜂鸣器会响。使用该功能，所有功率管开关处于关闭状态。

（10）脉冲开关：打开脉冲电源。

（11）水泵开关。

（12）旋转头开关。

（13）自动加工开关。

5. 小孔机实训操作

（1）操作步骤。

1）开启左侧总开关，开启操作面板急停开关。

2）装夹工件：利用压板、T型螺杆将工件固定在工作台上，牢靠、不松动。

3）装夹电极：根据电极直径选择相应的密封圈。

4）加工。

根据电极直径、工件材料对表面粗糙度、效率的要求，设置脉冲参数、加工电流。

检查放电回路连线及工作液管路是否连接可靠。

将工件移至所需位置，电极对准加工处，导向器下移至距离工件上表面5～10mm。

解除旋转头限制。

打开工作液泵开关键，查看压力表并调节压力阀，使压力为60～70N，电极出口处的工作液射出有力。

打开脉冲电源开关键，开启加工电源，电压表指示电压为80～90V。

打开自动加工开关，*Z* 轴自动向下进给，当电极与工件之间的距离小到放出火花时，说明加工开始；然后调节伺服按钮，使主轴运行稳定，电压表读数20V左右。

加工过程中，查看加工状态，若有频繁短路，电压表读数跳动厉害，则应手动操作，调整调节旋钮，使主轴抬起；观察工作液的喷射情况及电极端部损耗是否均匀，然后加以适当处理。

穿孔后，会在工件下端面的孔口处看见火花及喷水。

加工结束，关闭脉冲开关及工作液泵，*Z* 轴自动回升。当电极完全退出加工的孔后，将自动加工开关关闭，主轴锁停，再将导向器抬起卸下工件。

5）关机：确认不再进行加工后，按下急停按钮，然后关闭总开关，切断电源，清洁工作台面及擦拭机床。

（2）一般操作。

1）清零：将显示坐标归零。

2）公/英制显示：公制为mm，英制为inch。

3）输入坐标：将当前机床的位置设为任何数值。

4）绝对/相对（ABS/INC）坐标。

5）SDM200组辅助零点全休清零。ABS状态→清零→按10次→显示屏闪→SDM全体清零。

6）休眠功能。

7）自动分中。将当前的显示位置除以2，令零点位于工件的中心。例如，将 *X* 轴零点设立于工件的中心，具体步骤如下：分中棒对准工件 *X* 轴方向的一边，清零→分中棒对准工件 *X* 轴方向的一边→按“X”键与“1/2”键实现分中功能，将现时的“X”显示除以2→工件 *X* 轴的中心便是0.0000。

（3）操作要领。

1）加工时，依次打开水泵开关、旋转头开关、脉冲开关、加工（自动）开关。

2）结束时，依次关闭脉冲开关、水泵开关、旋转头开关、加工（自动）开关。

（4）注意事项。

1）装夹工件时不要碰断电极丝或碰撞电极；工件安装位置要正确，避免造成超程。

2）加工过程中，严禁用手触摸电极丝。

3）加工过程中，不可用手或手持导电体同时接触脉冲电源的两输出端，以免触电。

（5）实操内容。

1）正常启动、关闭机床。

2）经过讲解，能独立完成相应孔的加工。

第二部分　激 光 加 工 训 练

一、激光加工训练

1. 激光基本知识

自20世纪激光技术出现以来，其应用已渗透到加工、医疗、通信、检测、军事、娱乐等众多领域，取得了很好的经济效益和社会效益。

2. 激光的产生

处于高能级的电子在光子的刺激或者感应下，跃迁到低能级，并辐射出一个和入射光子同样频率的光子。受激辐射的最大特点是由受激辐射产生的光子与引起受激辐射的原来的光子具有完全相同的状态。它们具有相同的频率，相同的方向，完全无法区分出两者的差异。这样，通过一次受激辐射，一个光子变为两个相同的光子，意味着光被加强了，或者说光被放大了。这正是产生激光的基本过程。

3. 加工原理

激光加工是把具有足够能量的激光束聚焦后照射到所加工材料的适当位置，在极短的时间内，光能转变为热能，被照射部位迅速升温。根据不同的光照参量，材料可以发生气化、熔化、金相组织变化，并产生相当大的热应力，从而实现将工件材料去除、连接、改性或者分离等。

4. 加工特点

与传统加工技术相比，激光加工技术具有如下特点：

（1）激光功率密度大，工件吸收激光后温度迅速升高而熔化或气化，即使熔点高、硬度大和质脆的材料（如陶瓷、金刚石等）也可用激光加工。

（2）激光头与工件不接触，不存在加工工具磨损问题。

（3）工件不受应力，不易污染。

（4）可以对运动的工件或密封在玻璃壳内的材料加工。

（5）激光束的发散角可小于1mrad（毫弧度），光斑直径可小到微米量级，作用时间可以短到纳秒和皮秒量级，同时大功率激光器的连续输出功率又可达千瓦至十千瓦量级，因而激光既适用于精密微细加工，又适用于大型材料加工。

（6）激光束容易控制，易于与精密机械、精密测量技术和电子计算机相结合，实现加工的高度自动化，并获得很高的加工精度。

（7）在恶劣环境或其他人难以接近的地方，可使用机器人进行激光加工。

5. 应用领域

激光加工是激光系统最常见的应用方式，主要技术包括激光焊接、激光切割、表面改性、激光打标、激光钻孔、微加工及光化学沉积、立体光刻、激光刻蚀等。激光加工设备就是利用激光加工技术改造传统制造业的关键技术设备之一，主要产品包括各类激光打标机、焊接机、切割机、划片机、雕刻机、热处理机、三维成型机、毛化机等。

6. 安全操作规程

（1）激光设备贵重且比较精密，操作时必须严格遵守操作规程。

（2）严禁不接地机器便开机工作。激光电源的地线不得接在门窗、水管等设施上，应当将地线拉到室外的大地上。

（3）每次开机后必须检查潜水泵是否出水，严禁水泵不出水开机工作。

（4）严禁在设备中放置任何不相关的全反射或漫反射物体，以防激光直接反射到人体或易燃物品上。

（5）冬天一定要把激光管内的水放掉，以免冻裂激光管。

（6）按键时用力均匀，禁止用力击打，防止损坏按键。

（7）作业过程中严禁离开，必须随时观察机器的工作情况。

（8）打雷闪电时不要开机工作。

（9）未经许可不得私自开动设备，不得擅离工作岗位。

（10）如果设备出现故障，应立即切断电源。

（11）严禁未经指导老师许可就将文件复制到计算机中。

（12）实训结束关闭电源，整理好工具，擦拭干净设备并将场地清扫干净。

二、激光切割雕刻机

激光加工是一种集光、机、电为一体的专业加工设备。激光切割雕刻机是专为板材雕刻切割设计的机器，采用超精细雕刻切割技术，雕刻速度快，精度高，切口光滑，切缝窄，曲线拟合精确、平滑，适用于镶嵌工艺、精密加工，维护简便。

1. 加工原理

激光加工是一种高能束加工方法，主要利用激光高强度、高亮度、方向性好、单色性好的特性，通过一系列的光学系统聚焦成平行度很高的微细光束（直径为几微米至几十微米），获得极高的能量密度（$10^8 \sim 10^{10}$ W/cm^2）照射到材料上，使材料在极短的时间内（千分之几秒甚至更短）熔化甚至气化，以达到切割和雕刻的目的。

2. 加工功能

（1）切割：用于薄木片、家具、工艺饰品、玩具、建筑模型、航模、开关薄膜、广告字体及 logo、皮革切花、纺织品加工。切割走线光滑，边缘无锯齿，缝隙小，曲线拟合精准，路径优化，高速运转情况下仍有高品质输出。

（2）雕刻：用于仪器操作面板、奖杯/奖牌、印刷制版、公司仪器、铭牌加工。雕刻图案字体清晰，立体感强，底面光滑；可雕刻风景、花鸟鱼虫，影像逼真。

3. 适用材料

适合采用激光加工的材料有橡胶、玻璃、亚克力、纸张、塑料、骨制品、PVC、KT 板、双色板、胶合板、皮革、布料塑料制品、烤过漆的金属、金属覆膜板、氧化铝水晶、石英、大理石/石头、陶瓷纸板等，特种材料应在指导老师的指导下测试。

4. 应用范围

激光加工主要应用于电子电器行业、服装行业、皮革业、家具业、装饰业、工艺礼品业、广告业、包装印刷业、模型业（建筑模型、航海航空模型、木制玩具）、工业面板的裁切、打样、画线精密加工领域。激光切割雕刻作品示例如图 3-22 所示。

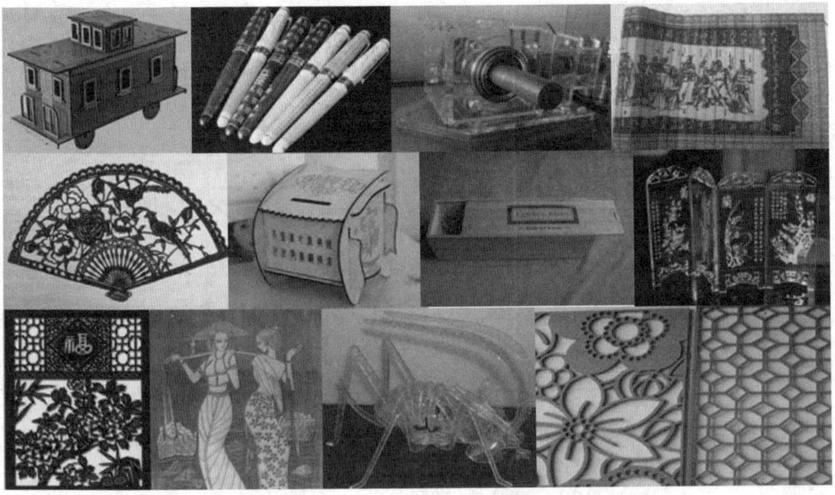

图 3-22　激光切割雕刻作品示例

5. 加工设备

（1）E 系列机床结构。从功能上，激光切割雕刻机主要由 E 系列激光切割雕刻机和 Eagle Works 雕刻软件两个相对独立的部分组成；从结构上，激光切割雕刻机主要由机械平台、光学系统、传动系统、控制系统和辅助系统五部分组成，其中核心是光学系统。

1）机械平台：由机盖、导轨、底座、反射镜架等机械配件组成。

2）光学系统：由激光管、激光电源、激光头、反射镜和聚焦镜组成。

3）传动系统：由三条高精度进口直线导轨、步进电机和若干个齿轮组成。

4）控制系统：由高速 DSP 控制卡、开关电源、步进电机驱动器组成。

5）辅助系统：水冷机、吹气压缩机、抽烟排风机。

激光切割雕刻机外观见图 3-23，正、反面示意见图 3-24。

图 3-23　激光切割雕刻机

（2）光学系统的结构。完整的光学系统由激光管、三个反射镜、聚焦镜和导光系统等装置组成，是激光机的核心部分。光路即激光所经过的路径。光路传输系统结构示意如图 3-25 所示。

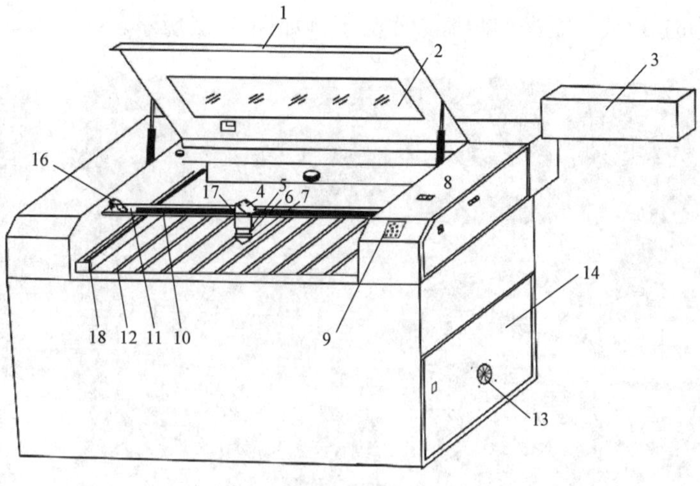

（a）正面

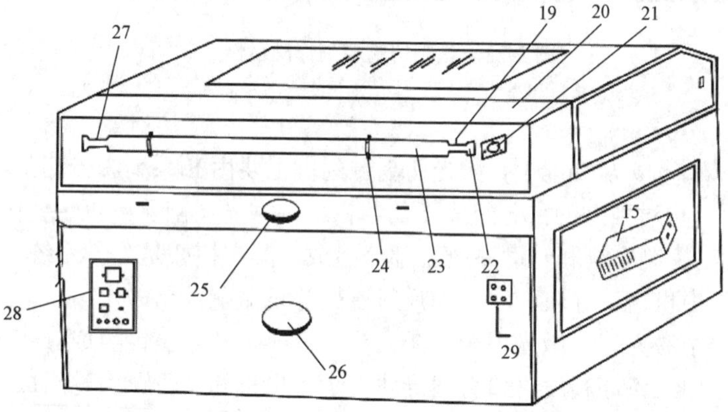

（b）背面

图 3-24 激光雕刻机示意

1—上盖；2—观察窗；3—激光管加长罩（高功率加装）；4—第三反射镜；5—聚焦头调节螺丝；6—聚焦头；7—喷气嘴；8—电流表；9—操作面板；10—X轴直线导轨；11—X轴横梁；12—切割平台；13—散热风机；14—控制箱门；15—激光电源；16—第二反射镜；17—第三反射镜进光孔；18—Y轴导轨；19—激光管阴极；20—激光管罩；21—第一反射镜；22—激光管出光孔；23—激光管；24—激光管卡环；25—上抽风口；26—下抽风口；27—激光管阳极；28—机器后面板；29—进水及出水接口

激光管又称玻璃封离式 CO_2 激光器，是激光机中最关键的部件，常用硬质玻璃制成，一般采用层套筒式结构。最里面一层是放电管，第二层为水冷套管，最外一层为储气管。放电管的粗细一般来说对输出功率没有影响，考虑到光斑大小所引起的衍射效应，应根据放电管的长度而定，管长的粗一点，管短的细一点。放电管长度与输出功率成正比。在一定的长度范围内，每米放电管输出的功率随总长度的增加而增加。放电管在两端都与储气管连接，即储气管的一端有一小孔与放电管相通，另一端经过螺旋形回气管与放电管相通，这样就可使气体在放电管与储气管中循环流动，放电管中的气体随时交换。加水冷套的目的是冷却工作气体，使输出功率稳定。

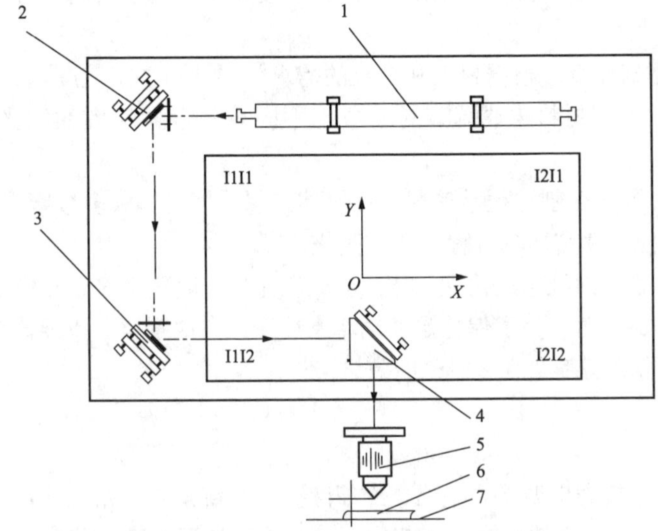

图 3-25　光路传输系统结构示意

1—激光管；2—第一反射镜；3—第二反射镜；4—第三反射镜；5—聚焦头；6—加工物体；7—工作平台

激光管主要规格型号以激光功率作为最重要依据，常见型号为 15、25、40、60、80、100、120、130、150W。

（3）操作面板功能（见图 3-26）。

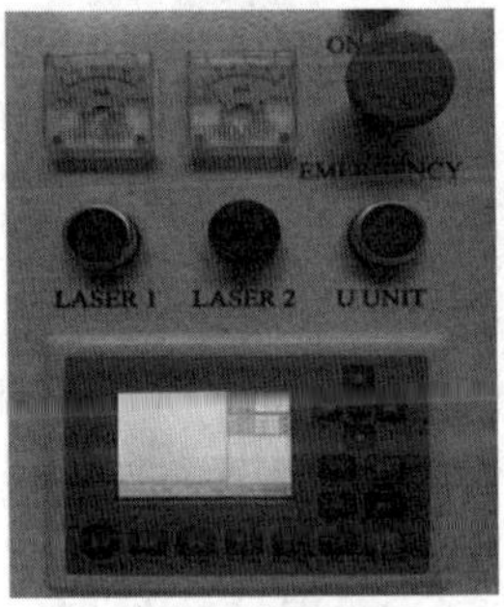

图 3-26　操作面板

“复位”键：无论机器在什么状态下，按此键机器会进入复位状态，然后回到所设定的定位点。

“文件”键：显示控制板卡内存储的文件。

“点射”键：测试使用，触键一次，出光一次，用于光路调整。

“边框”键：测试切割图形大小和当前定位点。

“定位”键：设置机器起始点位置。

“启动/暂停”键：暂停工作中的机器，并保持机器所在位置。

“↑”“↓”“←”“→”键：用于移动 X、Y 轴，也可用于移动当前视图中的光标，还可用于修改视图中的各种选项。

“Z/U”键：Z 轴自动对焦，以及 Z、U、V、W 轴移动功能。

“速度”键：调整加工速度。

“最大功率”键：调整激光加工功率。

“最小功率”键：调整激光加工功率。

“退出”键：退出编辑状态（退出光标），返回上级菜单。

“确定”键：进入编辑状态（弹出光标），确认当前操作。

（4）操作软件界面。操作软件界面主要包括菜单栏、图形属性栏、系统工具栏、排版工具栏、编辑工具栏、图层工具栏、控制面板等。

（5）工艺参数。

1）功率密度。功率密度是激光加工中最关键的参数之一。采用较高的功率密度，在微秒时间范围内即可将表层加热至沸点汽化。因此，高功率密度对于材料去除加工，如打孔、切割、雕刻有利。

2）激光切割雕刻速度。根据材料和自己的需求效果调节加工速度。

3）加工材料。不同材料需要调节的参数也不同，且根据配置的激光器功率的大小配合调节。

4）保护气体。激光切割过程常使用惰性气体来保护熔池。大多数应用场合使用氦、氩、氮等气体作保护，使工件在切割过程中免受氧化。

5）透镜焦距。切割时通常采用聚焦方式会聚激光，一般选用63mm焦距的透镜。

6）焦点位置。加工时，为了保持足够功率密度，焦点位置至关重要。焦点与工件表面相对位置的变化直接影响切割宽度和雕刻的效果。

6. 实训操作

（1）操作步骤。

1）开机前检查。检查电源是否正常，冷却液循环系统是否正常工作；确认激光器急停按钮没有按下，机器上部和内部没有任何杂物；检查镜片是否干净，若有污垢，须清理后方可使用；检查机械部分，确认加工台上无任何杂物；确认电磁空气泵工作正常；检查数据线是否连接正常。

2）开机。打开总电源→打开机床空气开关电源→开启循环水泵，确认出水口冷却液正常流出→开启排烟机、吹气压缩机→打开急停开关。

3）产品图形设计，图文编辑。可使用CorelDRAW、AutoCAD等图形设计软件进行创意模型设计。

4）在EagleWorks中输入加工数据，在计算机中正确设置其激光强度、速度的设置、加工方式等加工参数。

5）运用EagleWorks完成计算机模拟加工，检查加工质量。

6）打开X系列激光切割雕刻机，下载输出加工数据（数据线正常连接）。

7）放置加工材料，调节焦距；将要雕刻切割的材料平铺于工作台上。

8）按方向键调整激光头的起始坐标。

9）先按定位键，再按边框键，激光头画出加工区域外框，观察是否适合加工材料区域。如果不合适，需要重新调整。

10）开始加工。

11）加工完成。打开机舱盖，去除加工物品→关闭急停开关→清理机器内的加工残留物→关闭机床空气开关→关闭总电源。

（2）操作要领。切割时，要根据激光器切割能力确定模型材料的厚度；雕刻时，要将图文转换为单色位图.bmp的格式。

（3）注意事项。

1）激光为不可见光，会对人体造成伤害。设备工作时，严禁将衣物或身体的各部位进入光路传输区，以免灼伤。

2）激光加工可能产生明火，加工时严禁远离设备。以避免燃烧导致各种安全事故的发生。雕刻机内存在高压，严禁在过于潮湿的环境中使用设备，以避免高压打火。

3）严禁用手或其他物件接触反光镜片，以免导致镜片镀膜损坏。

（4）实操内容。

1）正确操作激光切割雕刻设备，完成产品的加工（雕刻和切割）。

2）掌握激光加工的原理，学会根据不同的材料调节合适的工艺参数、调节焦距，以及擦拭反射镜与聚焦镜的方法。

3）在创造性与创新实践课程学习过程中，创造性设计创意模型。

三、激光打标机

1. 加工原理

激光打标是利用激光的高能量作用于工件表面，使工件表面达到瞬间气化，并按预定的轨迹，刻写出具有一定深度的文字和图案。

本实训采用 ZT-GX 系列激光打标机。该系列激光打标机采用振镜系统，利用波长为 1064nm 的光纤激光和计算机专用打标软件来控制振镜的偏转以实现标刻。

2. 加工特点

与传统的机械雕刻、化学腐蚀、丝网印刷、油墨打印等方式相比，激光打标成本低、灵活性高，可以采用计算机系统控制，激光作用于工件表面所产生标记的牢固永久性是其突出特点。具体特点如下：

（1）永久性。采用激光打标技术雕刻出的标记不会因环境关系（触摸、酸性及碱性气体、高温、低温等）而消退。

（2）防伪性。采用激光打标技术雕刻出的标记不容易被仿制和更改，在一定程度上具有很强的防伪性。

（3）非接触性。激光标刻是以非机械式的“光刀”进行加工，可在任何规则或不规则表面打印标记，且打标后工件不会产生内应力，保证工件的原有精度。对工作表面不产生腐蚀，无刀具磨损，无毒害，无污染。

（4）适用性广。用激光作为加工手段，可以对多种金属、非金属材料（铝、铜、铁、木制品等）加工。

（5）雕刻精度高。激光打标机雕刻的物品图纹精细，最小线宽可达 0.04mm。标记清晰、持久、美观。激光打标能满足在极小的塑料制件上印制大量数据的需要。例如，可印制要求更精确、清晰度更高的二维条码，与压印或喷射打标方式相比，有更强的市场竞争力。

（6）运行成本低。虽然激光打标机的设备投资比传统标记设备大，但是打标效率高且标记一次成型，能耗小，因而运行成本低。

（7）加工效率高。计算机控制下的激光光束可以高速移动（速度达 5～7m/s），打标过程可在数秒内完成。

（8）开发速度快。由于激光技术和计算机技术的结合，用户只要在计算机上编程即可实现激光打印输出，并可随时变换打印设计，从根本上替代了传统的模具制作过程，为缩短产品升级换代周期和柔性生产提供了便利。

3. 加工应用

激光打标机广泛适用于集成电路芯片、计算机配件、工业轴承、钟表、微电子及通信产品、航天航空器件、各种汽车零件、家电、五金工具、电线电缆、食品包装、首饰等众多领域的图形和文字的标记。

激光打标机可雕刻金属及多种非金属材料，更适合应用于一些要求精细、精度高的产品加工。适用材料包括：普通金属及合金（铁、铜、铝、镁、锌等所有金属），稀有金属及合金（金、银、钛），金属氧化物（各种金属氧化物均可），特殊表面处理（磷化、铝阳极化、电镀表面），ABS 料（电器用品外壳，日用品），油墨（透光按键、印刷制品），环氧树脂（电子元件的封装、绝缘层）。

4. 加工设备

ZT-GX 系列激光打标机，一般由控制系统、激光器、扫描振镜（SCANHEAD）、移动平台、冷却系统组成，如图 3-27 所示。

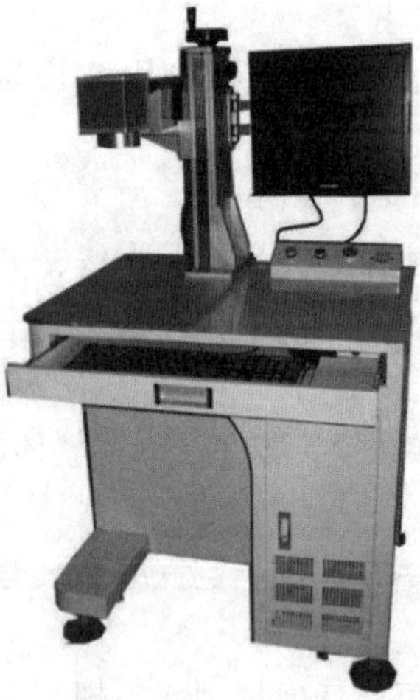

图 3-27 激光打标机

（1）激光发生系统。IPG 光纤激光器由开关电源供电，通过控制卡的输出控制信号直接控制 IPG 激光器的激光输出。输出激光通过光纤头射到振镜上。

（2）振镜扫描系统。振镜是使激光按照预定轨迹运行的执行机构，主要由高精度伺服电机、电机驱动板、反射镜、F-θ 透镜及直流供给电源组成。光学扫描器由 X 方向扫描系统和 Y 方向扫描系统构成，每个扫描系统都装有反射镜片，在伺服驱动的控制下，电机带动两个方向的反射镜片完成对平面的扫描。

（3）聚焦透镜。聚焦透镜用于将激光束聚焦于工作表面，且需保证在垂直光轴的区域内均能获得良好的聚焦效果，不管光束如何移动，它的焦点位置始终可保持在一个平面上，保证在打标区域内所有标记效果一致。

（4）冷却系统。光纤激光器采用风冷系统，无须辅助水冷机。应保证周围无阻碍，通风顺畅，这是激光器长寿命、稳定、可靠工作的保证。

（5）计算机控制系统。计算机控制系统是整个激光打标机控制和指挥的中心，同时也是软件安装的载体。通过对声光调制系统、振镜扫描系统的协调控制完成对工件打标处理。

光纤激光打标机的计算机控制系统主要包括机箱、主板、CPU、硬盘、内存条、D/A 卡、软驱、显示器、键盘、鼠标等。

（6）移动平台。移动平台用于放置加工材料。

（7）打标控制软件 EzCad2。本实训项目使用的光纤激光打标机配套的控制软件为 Ezcad2，激光打标机软件用来控制打标参数和调试应用界面，操作打标全部动作，主界面如图 3-28 所示。

5. 实训操作

（1）操作步骤。

1）启动机床。

2）打标机调焦。打标机调焦直接关系到最终的打标效果，对焦时先将与实际打标材料相同厚度的实验材料放在打标区域，一边打标，一边摇动升降轴上的手轮。当打标材料表面开始出现明亮的白光，并伴随着嗞嗞的标刻声音时，缓慢调整镜头高度，找到激光亮度最高、打标声音最响的位置，固定镜头高度，对焦结束。

3）打标零件的设计、格式的转换（单色位图.bmp 文件或者矢量文件）。

4）启动软件 EzCad2。

5）载入零件图形并设置相应参数。文件→打开位图（矢量）文件→修改参数（尺寸、速度、功率……）。

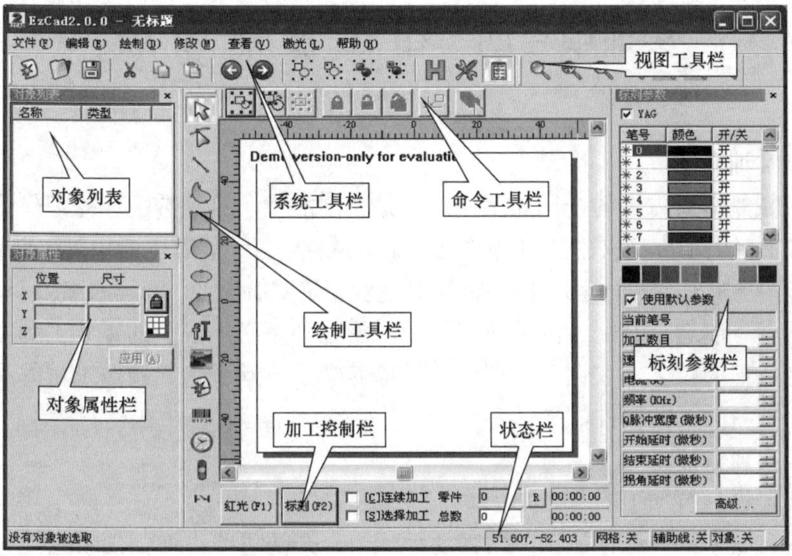

图 3-28　EzCad2 主界面

6）加工。红光→放置加工材料、调整加工区域→停止→标刻。

7）结束。

（2）操作要领。

1）打标不同材质、不同厚度的材料时，要重新调整焦距及各项加工参数。

2）加工时，要用金属块把材料压一下。

（3）注意事项。

1）被加工材料需平整。在厚度不同的材料上打标，可以利用升降装置调节聚焦头的距离，调节时严禁把胳膊支撑在激光头上方的横梁上。

2）加工过程中，严禁将衣服、纸等易燃物体或人体置于激光直接照射的地方，严禁将具有全发射或者漫发射物体放置于激光处，以免引起火灾或者造成伤害。

3）关机时，请先关闭激光器，再关闭打标软件，否则会缩短激光器的寿命。

（4）实操内容。

1）正确操作激光打标机设备，完成产品的加工。

2）掌握激光加工的原理，学会根据不同材料如何调节合适的工艺参数、调节焦距。

3）在创造性与创新实践课程学习过程中，创造件设计创意模型。

实训项目四　钳 工 技 能 训 练

一、钳工实训介绍

钳工是机械制造最古老的金属加工技术，是切削加工、机械装配和修理作业中的手工作业，因常在钳工台上用虎钳夹持工件操作而得名。从锅、瓢、盆等生活用具，到交通工具（自行车、电动车、摩托车、汽车等），再到机械制造业、航空航天业、海洋设备及高端军事装备，尤其在装备研发、制造、装配、维修等工作中，钳工都是必不可少的重要工种。钳工是一门久经磨炼才能成熟的技艺，在钳工实训中能够培养学生一丝不苟、精益求精的品质，以及爱岗敬业、不断创新的工匠精神。

二、钳工实训目标

（1）了解工程材料加工的基础知识。

（2）能够对简单零件进行加工，培养动手能力，开阔思路，增强创新意识。

（3）掌握加工工艺分析能力，提高学生的工程素质。

（4）通过小组合作形式开展实训项目，培养学生的交流能力和团队协作精神。

三、钳工实训要求

（1）掌握锯切的正确方法，达到较好的锯切质量。

（2）掌握锉削平面、曲面、弧面、球面的各种方法。

（3）正确使用各种量具，熟知其原理、测量步骤及维护保养措施。

（4）掌握划线方法，正确确定加工余量和位置，保证工件的尺寸、几何公差要求。

四、钳工实训内容

（一）小錾锤加工

1. 备料

制作小錾锤所使用的材料尺寸如图 4-1 所示。

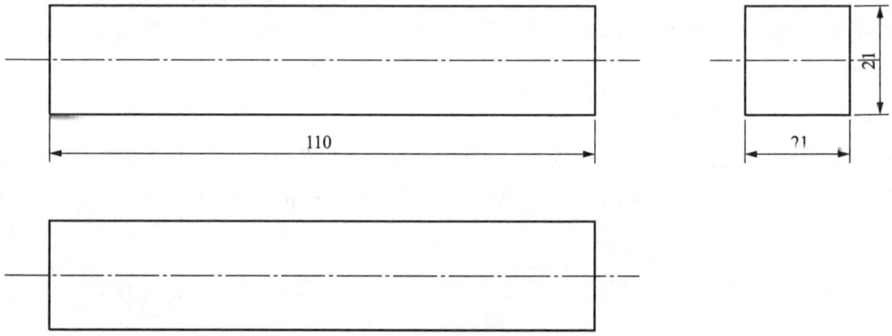

图 4-1　小錾锤坯料

2. 使用的工具

小錾锤加工所用工具、量具清单见表 4-1。

表 4-1　小錾锤加工所用工具、量具清单　mm

名称	规格	分度值、精度	数量	备注
锯弓	300	—	1	
板锉	300	1 号	1	
	250	2 号	1	
	150	5 号	1	
半圆锉	200	2 号	1	
圆锉	$\phi 8$	2 号	1	
方锉	8	2 号	1	
钻头	$\phi 10$	一般 6、5 级	1	
样冲	$\phi 10\times 80$	45°～60°	1	
划针	200～300	15°～25°	1	
圆规	150～200	—	1	
样板	*R*40 曲面，*R*6 曲面		2	
	*R*16 曲面，*R*1.5 曲面		2	
软钳口	150	—	1 对	
毛刷	$2\frac{1}{2}''$		1	
高度尺	300	0.02	1	
游标卡尺	150	0.02	1	
刀口尺	125	一级	1	
刀口角尺	100×63	一级	1	
钢板尺	300	—	1	

3. 训练图

制造小錾锤使用的训练图如图 4-2 所示。

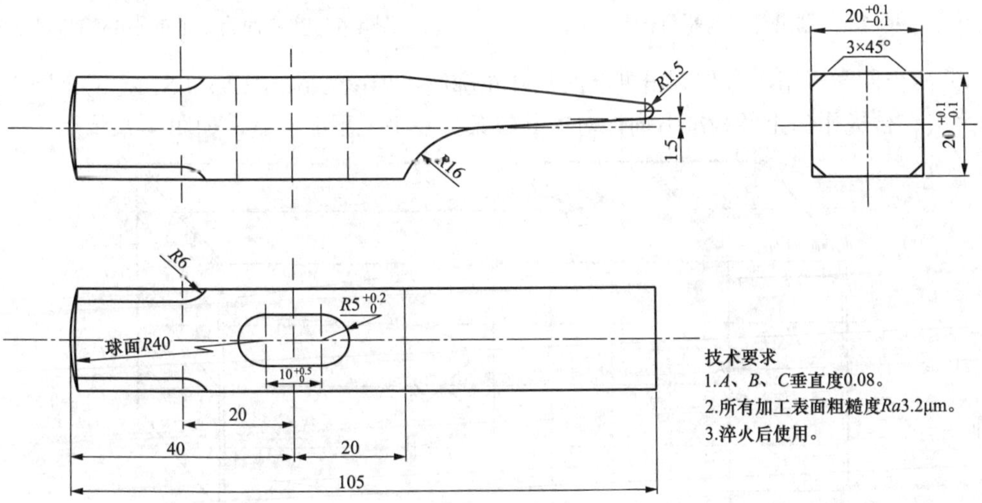

图 4-2　小錾锤训练图

4. 钳工实训工艺与加工方法

（1）基准面的选择，如图 4-3 所示。

1）锉削 *A* 面，使其达到平面度公差要求。

2）以 *A* 面为基准锉削 *B* 面，达到平面度、垂直度公差要求。

3）然后以 *A*、*B* 两面为基准，锉削端面 *C* 达到垂直度公差要求。

（2）以 *A*、*B* 两面为基准，分别锉削其对面达到平面度、平行度、尺寸公差要求。

（3）根据图样尺寸公差要求进行划线，之前去毛刺、涂上颜色匀而薄。

1）先划出横向四个面的中心线，如图 4-4 所示。

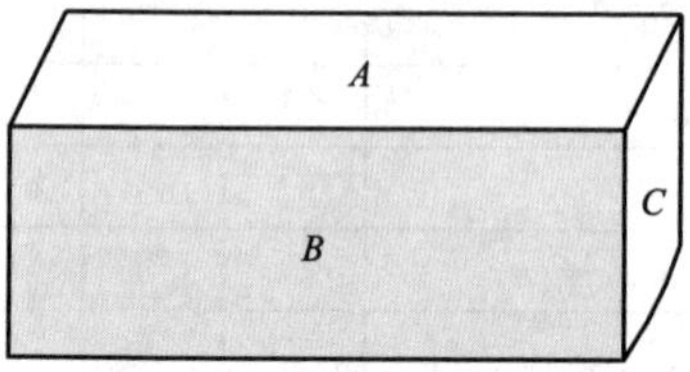

图 4-3 基准面的选择

图 4-4 四个面的中心线

2）然后再划出各个面与中心线平行的尺寸线，如图 4-5 所示。

3）以 *C* 面为基准划出各部分的中心线和尺寸线，如图 4-6 所示。

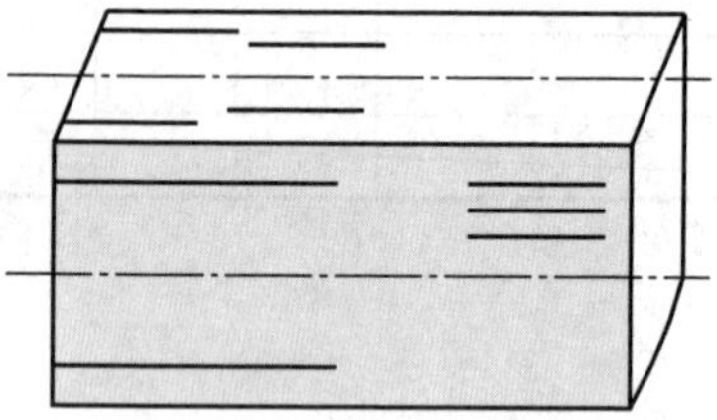

图 4-5 划出与中心平行的尺寸线

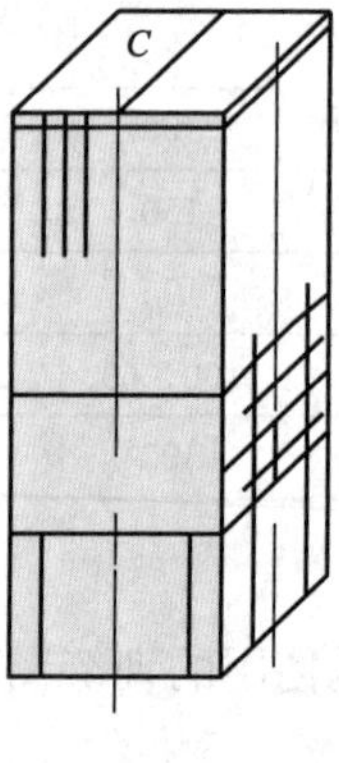

图 4-6 以 *C* 面为基准的中心线与尺寸线

4）两个同学一组，合作划出剩余的尺寸轮廓线：*R*16、*R*6、*R*1.5、*R*5。把两个同学的工件放平夹在台虎钳口上并找准方向，对准其线条，找平上平面夹紧，如图 4-7 所示。

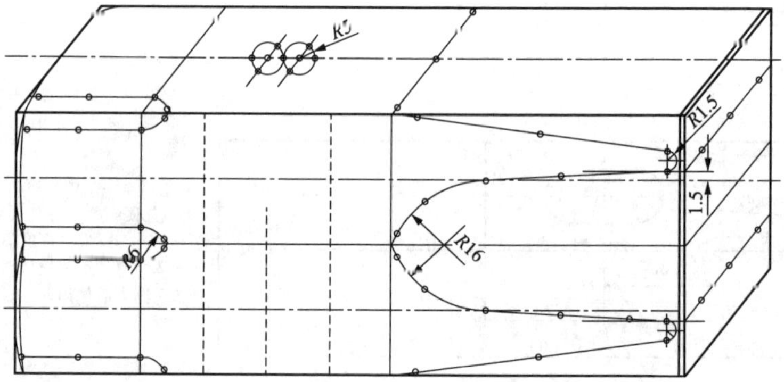

图 4-7 划线并打样冲眼

5）划线完毕后，检查是否有遗漏或尺寸不正确的地方，然后打上样冲眼，如图 4-7 所示。

（4）锯掉多余部分（需在线之外保留 0.5～1mm 的加工余量）。

1）多余材料 I 部分分三次锯下。

第一锯：调整工件使工件中心线垂直于台虎钳钳口，并在尺寸 60mm 的线条位置夹紧，然后齐着中心线往下锯，在接近 *R*16 的曲线 0.5～1mm 的位置停下，再在材料 II 的斜线延长线与水平面连线之外留有 0.8～1mm 的加工余量，锯出 1～2mm 深的小沟槽为材料 II 部分的第一锯，如图 4-8 所示。

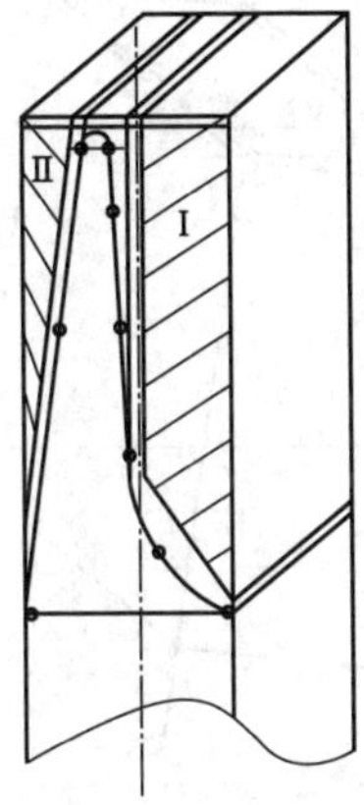

图 4-8　去除多余材料第 I 部分（第一锯）

第二锯：工件水平放置在台虎钳钳口上，高于钳口水平面，然后在 60mm 尺寸线以外留有 0.5～1mm 的加工余量，锯出宽度为 0.8～1mm、深度为 1～2mm 的小沟槽，如图 4-9 所示。

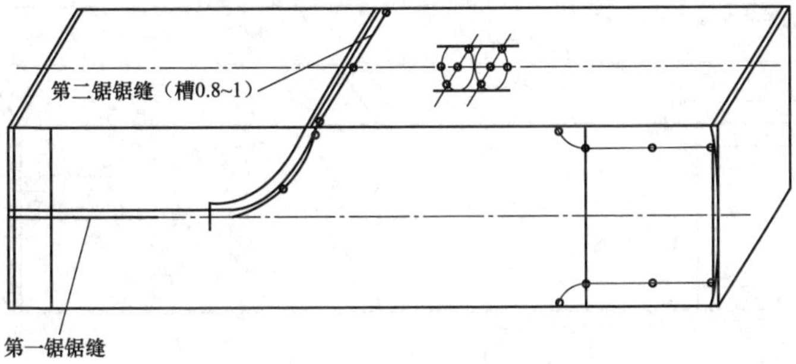

图 4-9　去除多余材料第 I 部分（第二锯）

第三锯：以工件纵向中心线与钳口呈 45°夹角，调整适当高度夹紧工件，然后沿第二锯锯出的沟槽垂直锯下，并与第一锯锯缝相接，将 I 部分整体用左手拿下，如图 4-10 所示。

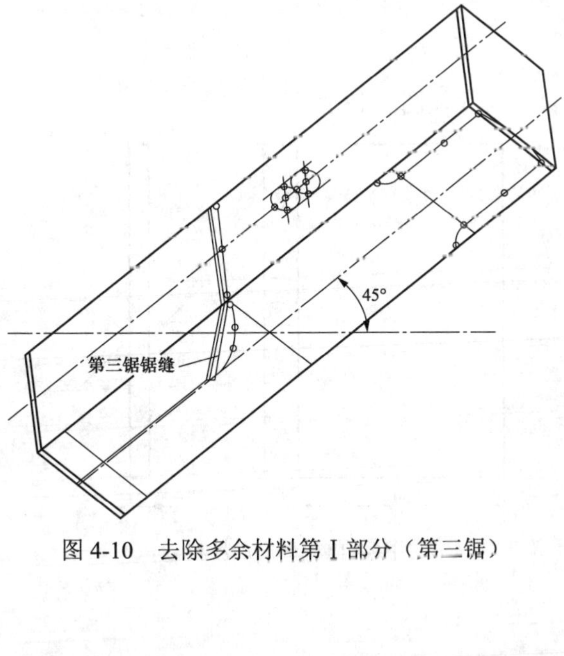

图 4-10　去除多余材料第 I 部分（第三锯）

2）多余材料Ⅱ部分分两锯锯下。调整工件Ⅱ部分的斜线与台虎钳钳口水平面垂直，高度适当并夹紧，沿Ⅱ部分的第一锯垂直锯下（留 0.8～1mm 的余量），为Ⅱ部分的第二锯，如图 4-11 所示。

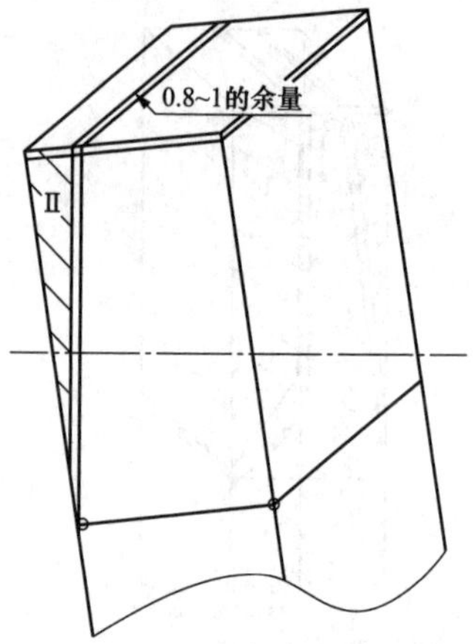

图 4-11 去除多余材料第Ⅱ部分锯切示意

（5）钻孔。钻孔位置如图 4-12 所示。钻孔时，校对两孔中心距是否不小于（10+0.5）mm，若小于 10mm，则无法钻出两个孔；钻孔之前，要打好定心眼，保证定心良好。

（6）锉削。粗加工时，按照各加工面的形状选取锉刀，各加工面保留整个样冲眼；精加工时，锉各部位线条宽度的 1/2，保留 1/2 样冲眼，*R*40、*R*6、*R*16 用样板测量。

（7）去毛刺。

（8）抛光。用 80 目纱布抛光，达到油光面。

5. 实训注意事项

（1）锉过的工件表面不要用手摸，以免氧化；不要用嘴吹，以免铁屑进入眼睛。

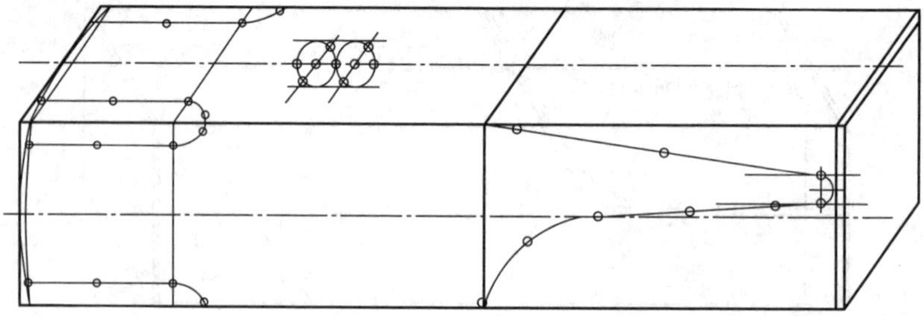

图 4-12 钻孔

（2）各种量具要轻拿轻放，以免失去精度。

（3）钻孔时要戴防护眼镜，工件要夹持牢固，以免工件转动伤人。

（4）钻孔时不要戴手套，以免线头缠绕在钻头上造成人身伤害。

（二）直角尺加工

1. 备料

制作直角尺所用的材料尺寸如图 4-13 所示。

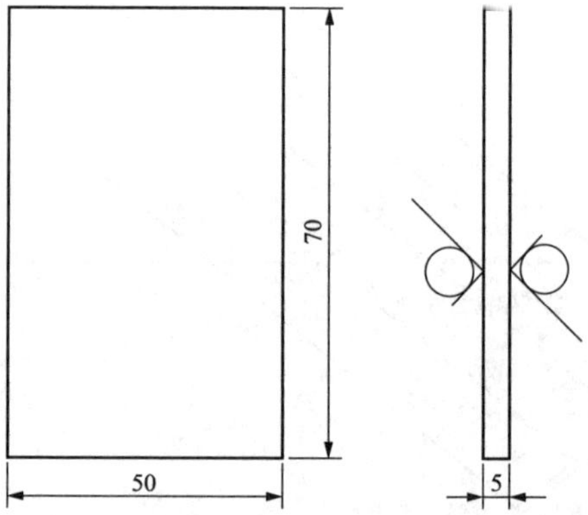

图 4-13 直角尺坯料

2. 使用的工具

直角尺加工所用工具、量具清单见表 4-2。

表 4-2　**直角尺加工所用工具、量具清单**　mm

名称	规格	分度值、精度	数量	备注
锯弓	300	—	1	
锯条	30×12×0.8	齿距 0.8	2 根	
中板锉	250～300	2 号、3 号	2	
半圆锉	200	3 号	1	
手锤	0.5kg	—	1	
样冲	ϕ8×80	—	1	
刀口尺	125	一级	1	
刀口角尺	100×63	一级	1	
高度尺	300	0.02	1	
游标卡尺	150	0.02	1	
塞尺	0.02～0.5	一级	1	
钢板尺	300	—	1	

3. 训练图

制造小錾锤使用的训练图见图 4-14 和图 4-15。

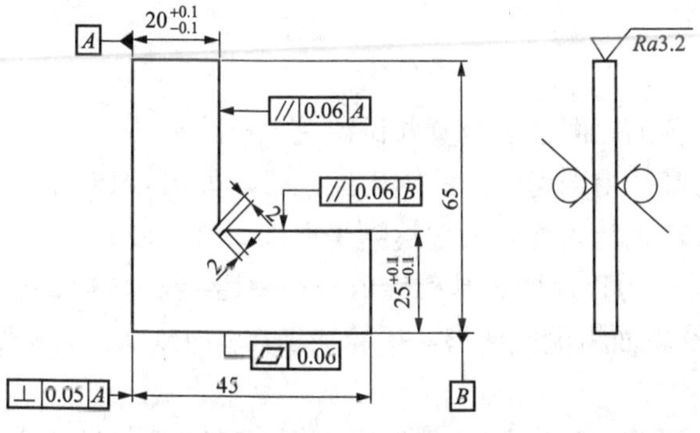

图 4-14　直角尺

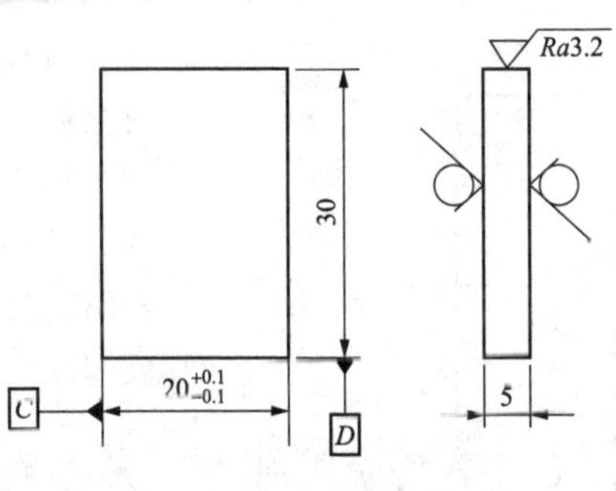

图 4-15　配合件

4. 钳工实训工艺与加工方法

（1）选择基准。

1）锉削 *A* 面，使其达到平面度、粗糙度要求。

2）以 *A* 面为基准锉削 *B* 面，达到垂直度、平面度、粗糙度的要求。

3）去 *A*、*B* 两面边缘毛刺。

（2）划线。根据图样（见图 4-16）最大极限尺寸公差划线。

1）涂颜色（石灰水加适量牛皮胶）。

2）以 *A*、*B* 两面为基准进行划线。

3）检查尺寸是否正确，然后打上样冲眼。

划线注意事项：

1）划线要在基准工具平板或平台上，要用方箱或 V 形铁支撑工件，然后进行划线。

2）划线后要检查线条是否有漏划、尺寸是否有误，校对后方可进行下一道工序，打样冲眼。

（3）锯切。去掉划线之外的多余材料，并留 0.5～1mm 的加工余量。

1）先锯内直角长边，再锯内直角短边，然后锯尺寸 45、65 的多余材料，保留 0.5～1mm 的加工余量，如图 4-17 所示。

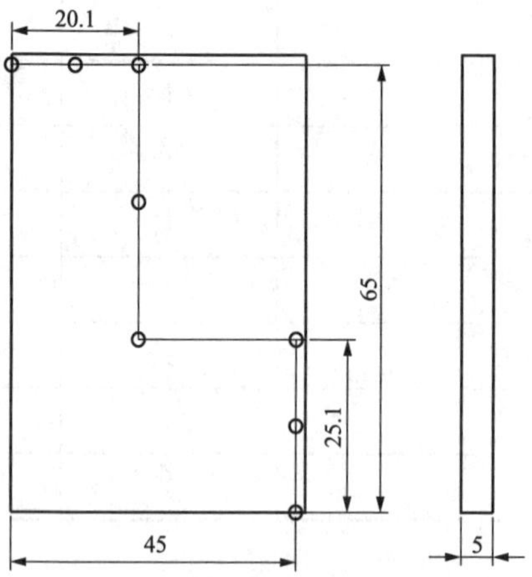

图 4-16　直角尺划线及样冲眼

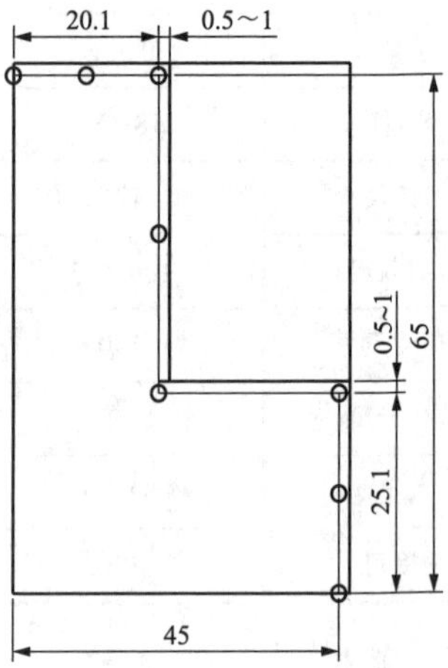

图 4-17　直角尺锯切示意

2）工件夹持要牢固，位置要正确。

（4）锉削。

1）粗加工：各加工面锉去余量并保留整个样冲眼。

2）加工工艺槽：用锯切的方法锯出工艺槽，如图 4-18 所示。

3）精加工：首先锉内直角长边达到平面度、平行度、尺寸公差及表面粗糙度要求，再以此面为基准锉内直角短边，达到垂直度、平面度、尺寸公差及表面粗糙度要求，接着加工尺寸 45、65 至满足尺寸要求。

（5）去毛刺。以锉刀与工件边缘倾斜角度为 15°，轻轻锉去毛刺，以免划破手。

5. 实训注意事项

（1）锉削内直角时，应将锉刀光边对着已加工表面，以免损坏已加工表面。

（2）量具要轻拿轻放，工具要摆放整齐有序。

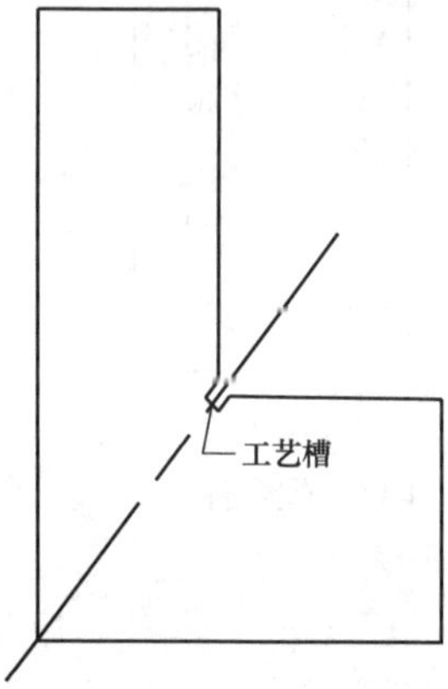

图 4-18　锯切工艺槽示意

（3）锉过的工件表面不要用手摸，以免氧化；掉下的铁屑不要用嘴吹，以免铁屑进入眼睛。

6. 配合件加工步骤与加工方法

（1）锉削 *C* 面，使其达到平面度、粗糙度要求。

（2）以 C 面为基准锉削 D 面，达到平面度、垂直度、粗糙度的要求。

（3）把两个工件（见图 4-14 和图 4-15）进行配合，测量修整配合件使其之间的配合间隙达到 0.08mm。

（4）去毛刺。

7. 注意事项

（1）锯切、锉削时都要把工件调整在适当高度，夹持要牢固，以免弹性变形，出现较大噪声。

（2）锉过的工件表面不要用手摸，以免氧化；不要用嘴吹，以免铁屑进入眼睛。

（3）正确使用量具，保证加工精度。

（4）各种量具要轻拿轻放，以免失去精度。

（三）尺加工

1. 备料

进行尺加工所用材料尺寸如图 4-19 所示。

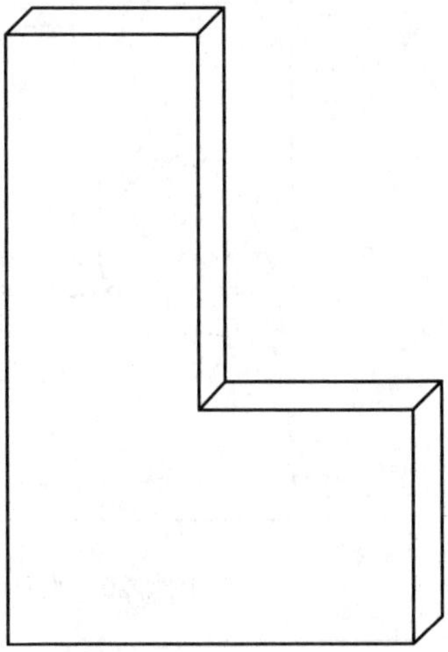

图 4-19　备料

2. 使用的工具

尺加工所用工具、量具清单见表 4-3。

表 4-3　尺加工所用工具、量具清单　mm

名称	规格	分度值、精度	数量	备注
锯弓	300	—	1	
中板锉	250～300	2 号、3 号	2	
半圆锉	200	3 号	1	
圆锉	ϕ6～ϕ8	3 号	1	
方锉	6～8	3 号	1	
手锤	0.5kg	—	1	
样冲	ϕ8×80	45°～60°	1	
圆规	150	—	1	
软口钳	150	—	1	
纱布	80 目	2 号	1/2 张	

3. 训练图

设计图样示例如图 4-20 所示。

4. 钳工实训工艺与加工方法

（1）在给定的工件上画出图样，打上样冲眼，如图 4-21 所示。

（2）锯切多余材料，留下 0.5～1mm 的加工余量，采取多次锯切逐步接近外轮廓。

（3）锉削外圆弧面，使其达到外轮廓尺寸线。

（4）去毛刺。左手拿工件，右手推动锉刀，锉刀与棱边交叉并倾斜 15°左右，轻轻转动锉刀，左手拿稳工件，紧贴锉刀，慢慢转动工件，使其边沿不锋利。

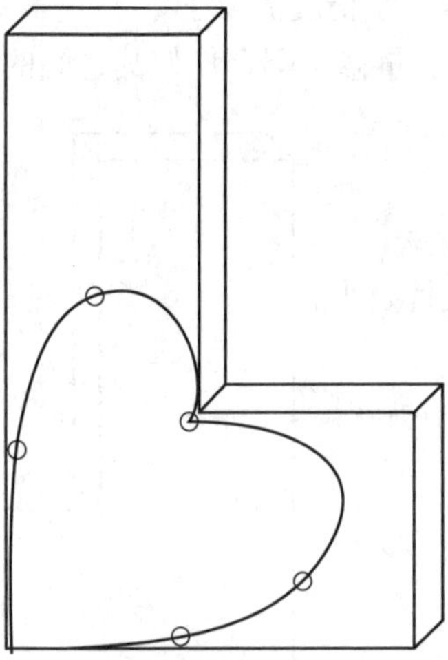

图 4-20 设计图样示例

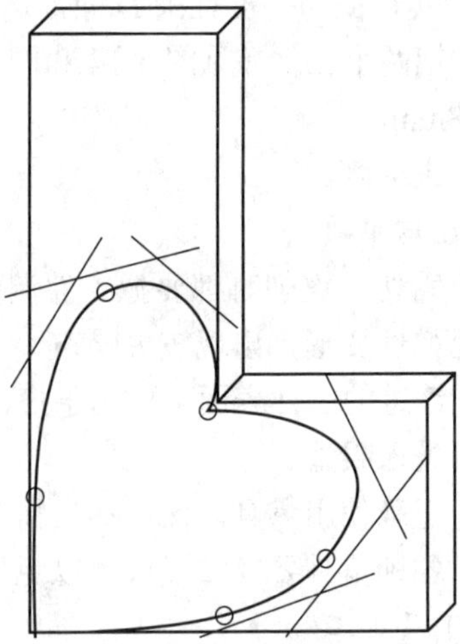

图 4-21 示例工艺件锯切

（5）抛光。用 80 目纱布进行抛光处理，达到油光放亮。

5. 实训注意事项

（1）工件要夹持牢固。

（2）锯切时压力要小，速度要慢；量具要轻拿轻放，工具要摆放整齐有序。

（3）锉削时，掉下的铁屑不要用嘴吹，以免铁屑进入眼睛；锉过的工件表面不要用手摸，以免工件的加工面氧化。

（4）安全文明实训，动作要规范，切勿野蛮操作。

五、自主设计

学有余力的同学自由组合共同设计图样，完成工艺件，要求：①设计合理、新颖；②轮廓完整、线条流畅；③棱角分明，不尖锐、不伤人。

注意：钳工是手工制作，无论使用任何工具，大学生们都要遵循“慢中求快、慢中求精”“以柔克刚”“欲速则不达”的工作理念，操作时人与工具应协调统一，动作自如、姿势自然。遵循上述要点，操作时才会游刃有余、不易疲劳，才能高效率、质量优、效果好，最终达到钳工实训的目标和要求。

实训项目五　热 加 工 训 练

第一部分　铸 造 技 能 实 训

一、铸造实训介绍

铸造是一个有着6000年历史的金属热加工工种，是机械加工重要的毛坯来源，在制造业中占有重要地位。在日常生活和工业生产中，从传统炊具中的铁锅、铁勺，到各类阀门、管件，再到大型机械的承重部件等，铸造产品随处可见。铸造成本低，适应性广，容易实现，既可以生产形状复杂的零件，还不受铸件尺寸、生产批量和合金种类的限制，对于不宜锻压和焊接生产的材料，具有特殊优势。

铸造实训可以使学生了解机械加工零件的毛坯制造过程及铸造生产的工艺流程，掌握铸造生产的基本方法，培养吃苦耐劳和团队协作精神，提高动手能力，是工科学生实践教学环节的重要内容。

二、铸造实训目标

（1）了解金属材料的基础知识。

（2）能够对简单零件进行铸造工艺分析，选取合适的方法进行造型，培养动手能力。

（3）能够区分各类常见铸造缺陷，并对产生铸造缺陷的原因进行分析，提高工程素质。

（4）通过小组合作开展实训项目，培养学生的交流能力和团队协作精神。

三、铸造实训要求

（1）掌握模型在砂箱中的布局技巧。

（2）认识浇口、冒口的种类及安放原则。

（3）正确使用压勺、秋叶、半圆、提钩等造型工具。

（4）掌握整模造型、两箱分模造型、挖沙造型方法及浇注系统开设原则（同时、顺序凝固），能根据模型的特点选取恰当的造型方法，合理地开设浇注系统。

（5）能对破损的型腔进行简单的修补。

（6）能对照铸件实物分析产生缺陷的原因。

四、铸造实训内容

1. 准备

型砂上下翻匀，调好干湿度。

2. 工具清单

铸造工具清单见表5-1。

表5-1　铸 造 工 具 清 单　mm

名称	规格	数量	备注
手锤	300，0.9p	1	
砂箱	300×200×100	2	

续表

名称	规格	数量	备注
砂揞	400	1	
筛子	70 目	1	
压勺	—	1	
秋叶	—	1	
提钩	—	1	
竹片梗	—	1	
通气针	200	1	
起模针	200	1	
浇、冒口棒	—	1	
手风器	—	1	
毛刷	—	1	
毛笔	—	1	
刮板	20×20×350	1	

3. 整模造型

整模造型训练模样图如图 5-1 所示。

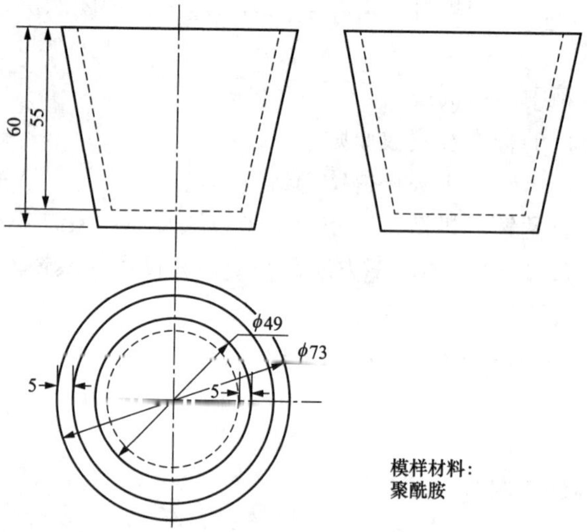

图 5-1 整模造型训练模样图

五、铸造实训步骤与加工方法

1. 整模造型

（1）造下箱（见图 5-2)。具体步骤如下：①将模型放入下箱中央稍偏左或偏右位置；②填充面砂、背砂；③揞实砂型；④用刮板把下箱下表面刮平，如图 5-3 所示。

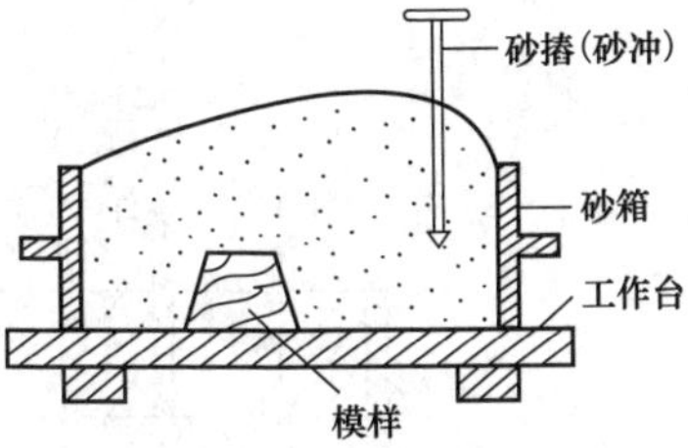

图 5-2　造下箱

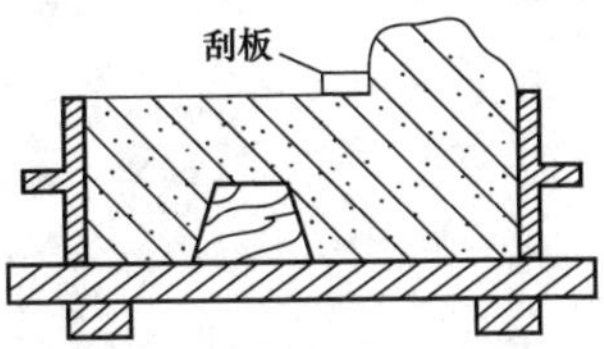

图 5-3　刮平下箱

（2）造上箱（见图 5-4）。具体步骤如下：①翻转下箱，撒分型砂；②放置浇口棒和冒口棒；③填充面砂、背砂，捣实砂型，刮平上箱上表面，扎通气孔；④取出浇、冒口棒，打定位线。

（3）起箱（见图 5-5）。具体步骤如下：①起箱，将上箱嵌入模样部分完整取出；②起模；③开设横浇道、内浇道，清理型腔内散砂。

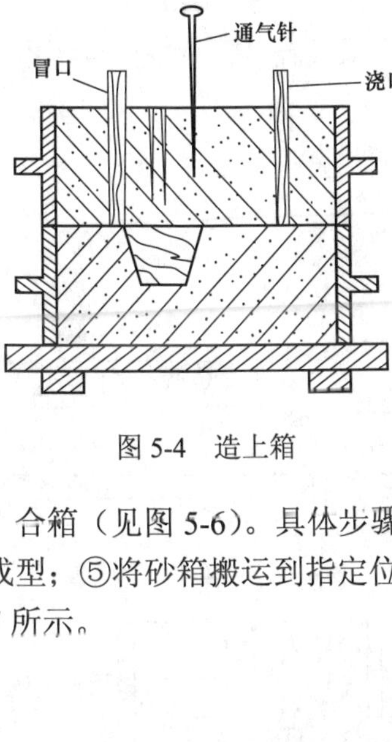

图 5-4　造上箱

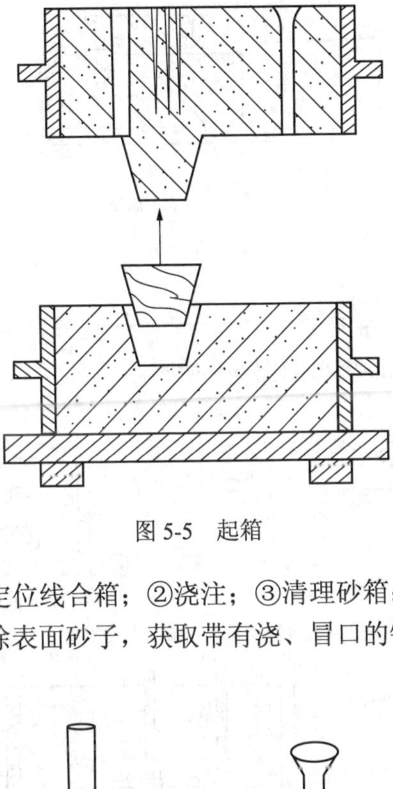

图 5-5　起箱

（4）合箱（见图 5-6）。具体步骤如下：①依据定位线合箱；②浇注；③清理砂箱；④铸件冷却成型；⑤将砂箱搬运到指定位置落砂；⑥扫除表面砂子，获取带有浇、冒口的铸件，如图 5-7 所示。

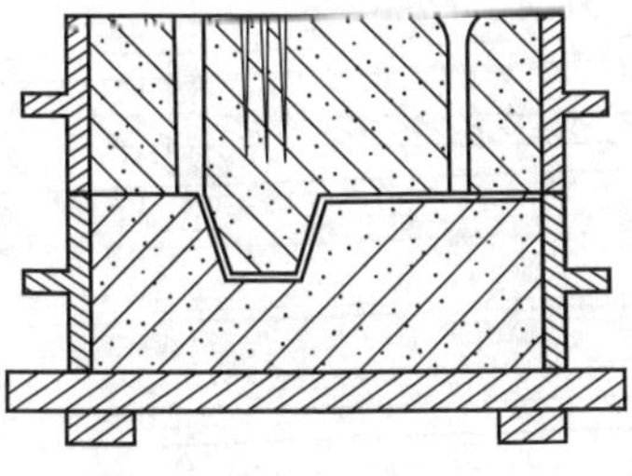

图 5-6　合箱

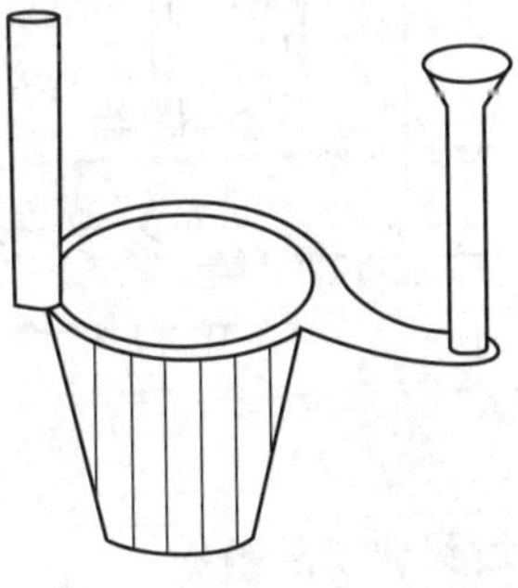

图 5-7　带有浇、冒口的铸件

2. 分模造型

分模造型如图 5-8 所示。

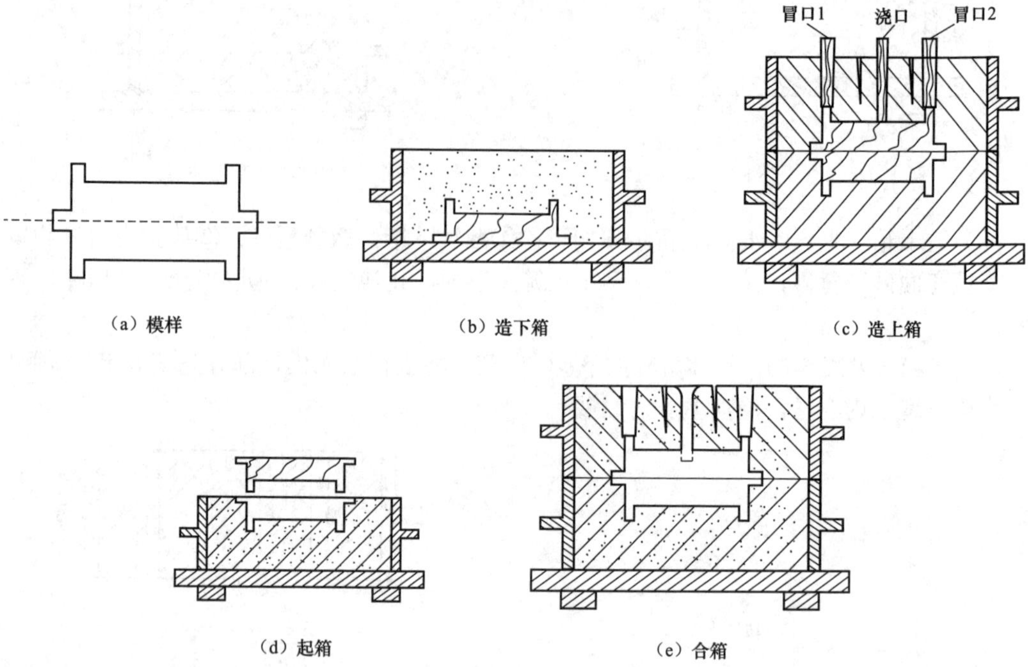

图 5-8　分模造型

3. 挖砂造型

挖砂造型如图 5-9 所示。

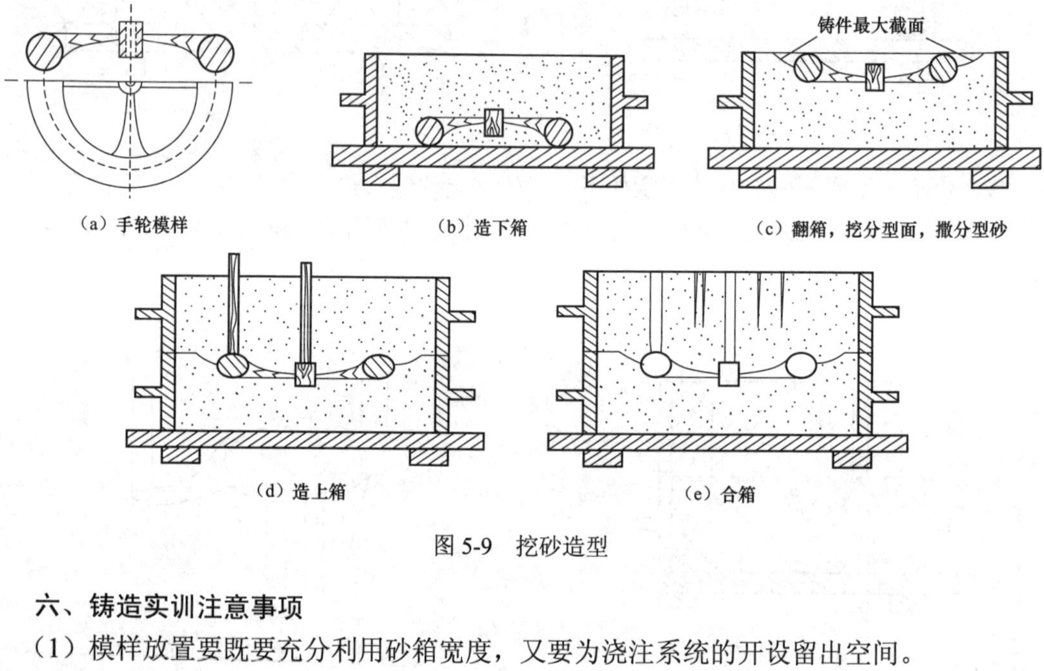

图 5-9　挖砂造型

六、铸造实训注意事项

（1）模样放置要既要充分利用砂箱宽度，又要为浇注系统的开设留出空间。

（2）揣砂时注意控制力量，避免砂型过紧，影响透气性。

（3）没有定位销的砂箱要手工打定位线，定位线应牢固、准确。

（4）起箱时不要碰到定位线，将上箱嵌入模样部分完整取出。

（5）浇注时听从指导老师的安排，按时、有序进行，做好安全防护，防止烫伤。

第二部分 焊接技能实训

焊接实训主要学习手工电弧焊的操作技术、设备、常备工具及安全生产规范，通过学习，应达到以下目的：

（1）了解焊接在工业生产中的重要地位，认识基本焊接结构，掌握手工电弧焊的基本特点，操作技术及相关设备和工具的使用方法。初步建立现代制造工程的概念。

（2）培养对简单焊接结构具有选择焊接方法和进行工艺分析的能力，建立创新意识。

（3）培养学生的劳动观念，理论联系实际的科学作风，初步建立安全、质量、环保、团队、责任、经济、市场、创新等工程意识。

一、焊接技术概论

目的和要求：①了解实习的目的、内容、要求和实习安排，焊工安全技术规则；②了解焊接的原理和常见的各类焊接方法；③了解焊接的工艺特点及其在工业中的作用。

教具：①螺钉、花键、铆钉及相应的连接件；②常见焊接方法加工的零件实物；③挂图、焊接方法分类表。

要点：①焊接的意义和原理；②焊接的分类及常见的各种焊接方法；③焊接的工艺特点；④焊接在工业生产中的作用，新焊接工艺及发展趋势。

1. 实训内容

（1）焊接特点、应用及发展。所有的机器设备，都是由许多零件、部件装配而成的。其中，有些零部件要求能够拆卸，需要采用可拆卸连接，例如用螺栓、销子、花键等；有的不要求拆卸形成永久性的连接，就采用铆接或焊接。

铆接是一种较落后的连接方法，费工、费时、费料，且有效使用面积小、结构笨重，已逐渐为焊接所代替。焊接不但用于金属材料的焊接，还广泛地用于非金属材料的永久性连接，如塑料制品等。本实训项目主要练习金属材料的焊接。

（2）焊接的定义。焊接通常是指金属的焊接，是通过加热或加压，或两者同时使用，也可不用填充材料，使两个分离的焊件产生原子间或分子间结合力而连接成一体的成形方法。

（3）焊接的分类。根据焊接过程中加热程度和工艺特点的不同，焊接方法主要分为三大类。

1）熔焊：焊接过程中，将焊件接头加热至融化状态而不加压力完成的焊接方法，如气焊、手工电弧焊等。

2）压焊：焊接过程中需要对焊件施加压力（加热或不加热）以完成焊接的方法，如电阻焊、摩擦焊等。

3）钎焊：在焊接过程中，采用比母材熔点低的金属材料作钎料，将焊件和钎料加热到高于钎料熔点但低于母材熔点的温度，利用液态钎料润湿母材，填充接头间隙并与母材相互扩散实现连接焊件的方法。

（4）焊接的工艺特点及其在工业生产中的作用。

与铆接、铸造、锻造相比，焊接有如下优点：

1）节省金属材料，减轻结构重量。

2）节约工时，减少劳动量。能采用以小拼大、化大为小的方法来制造重型、复杂的机器零部件，简化铸造、锻造及切削加工工艺，获得最佳技术经济效果。

3）焊接接头不仅具有良好的力学性能，还具有良好的密封性。

4）能够制造双金属结构，使材料的性能得到充分利用。

5）适应性强，易实现机械化和自动化。室内、室外、高空、水下等都可以进行焊接施工。

焊接的缺点如下：

1）焊接结构不可拆卸，给维修带来不便。

2）焊接结构中会存在较大的焊接应力和变形。

3）焊接接头的组织不均匀，质量控制比较困难，并会产生焊接缺陷。

目前，焊接得到日益广泛的应用，如国防工业中的飞机、舰艇、导弹、坦克等，石化工业中的钻探平台、钻塔、输油管线，还有起重设备、桥梁、万吨水压机、重型压力机等。

随着科学技术的不断发展，新的焊接方法不断产生，如太阳能焊接、激光焊接、超声波焊接等。

2. 手工电弧焊安全操作规则

（1）预防触电。焊前应检查电焊机外壳接地是否良好，电钳和电缆应绝缘良好，操作时应穿橡胶底鞋或站在木垫板上。

（2）避免弧光烧伤。电弧光中含有强烈的紫外线和红外线，操作时必须穿长袖工作服，戴长皮手套，使用防护面罩，防止弧光照射眼睛。

（3）防止烫伤。焊后处于高温的焊件、飞溅的液态金属或熔渣都能造成烫伤，因此不要用手触摸焊过的工件，敲渣时要避免渣块溅到脸上或眼睛里。

（4）注意通风。焊接时药皮分解后产生的气体中含有害成分，要保持环境通风良好。

二、手工电弧焊

目的和要求：①手工电弧焊的工艺特点及应用范围；②手工电弧焊所用的设备、工具和材料；③能初步掌握手工电弧焊平焊的操作；④对常见电焊缺陷有初步了解。

教具：①手工电弧焊焊接过程简图；②交流电焊机变压器的挂图；③交流电焊机粗调和细调挂图，④手工电弧焊空间位置挂图；⑤常见焊接缺陷挂图和实物样品；⑥焊接接头与坡口挂图和模型；⑦J422、J502 焊条和试焊实物样品；⑧交直流焊机及其工作原理挂图。

要点：①手工电弧焊的工作原理及应用；②手工电弧焊安全操作规程；③手工电弧焊的操作方法和操作要领；④手工电弧焊工艺规范和焊条的选择。

1. 实训内容

手工电弧焊是熔化焊的一种，因其设备简单、操作灵活，在整个焊接行业中占很大比例，是应用最广泛的焊接方法之一。

（1）手工电弧焊焊缝的形成过程。电焊机的两个输出端分别与工件和焊钳连接，用焊钳夹持焊条，在工件和焊条之间引起电弧，利用电弧的高温将工件和焊条熔化形成熔池，随着焊条沿焊缝方向逐渐前移，如图 5-10 所示。

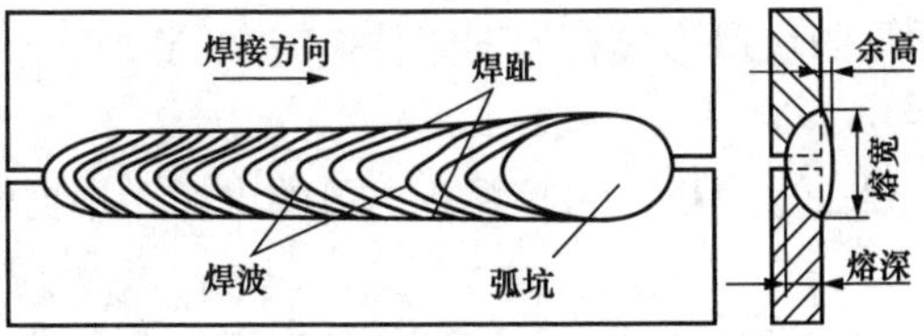

图 5-10　焊缝

熔池金属逐步冷却，便形成永久的牢固的焊接接头，如图 5-11 所示。用手工操作焊条进行焊接就称为手工电弧焊，简称电弧焊，如图 5-12 所示。

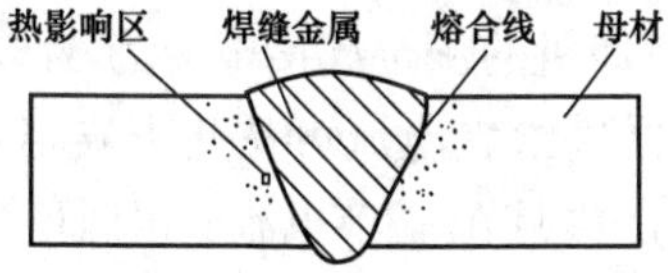

图 5-11　焊接接头

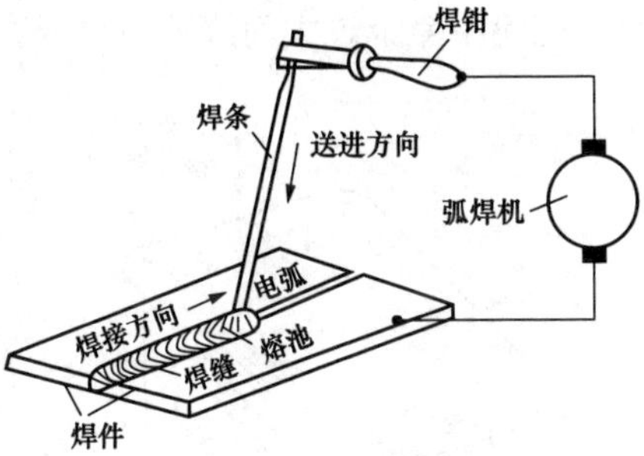

图 5-12　电弧焊

操作要领：操作前应佩戴好防护用具。

1）引弧要领：通过焊条与工件相对位置的变动（即不接触，接触后不提起，接触后提起过高和接触后提起适当的距离），说明引弧要领为三个字——轻、快、短（即轻击、快提、提起距离要短）。

2）平焊时“三度”的操作要领，我们要练习在水平位置的钢板表面上堆焊焊道，也称为堆平焊波，是手工电弧焊最简单的基本操作。初学者通过练习，掌握好“三度”，即电弧长度、焊条角度和焊接速度。

（2）平焊时“三度”的操作要领。

1）电弧长度：合适的电弧长度应不大于焊条直径，随着焊条的不断熔化，要随时调整电弧的长度。如果电弧过长，会导致燃烧不稳定，熔深减小，熔宽加大，容易产生焊接缺陷；如果电弧太短，会经常发生短路，造成操作困难。

2）焊条角度：焊缝两侧平面与焊条之间的夹角相等，而在焊缝方向则应向焊条运动方向倾斜 10°～20°。

3）焊接速度：即焊条沿焊缝方向移动的速度。这个速度要均匀平稳，通过观察熔池的宽度来控制，一般熔池宽度为焊条直径的 2～3 倍。如果焊缝窄而高，波纹粗糙，熔合不良，说明焊接速度太快；如果熔宽过大甚至出现烧穿，说明焊接速度太慢。

（3）焊缝的空间位置。在实际生产中，焊缝可以在不同的空间位置施焊，平焊时操作方便，劳动条件好，生产效率高，焊缝质量容易保证。因此，焊接应尽量防止平焊位置施焊，立焊和横焊位置次之，仰焊位置最差。

（4）焊接接头的坡口形式。若焊件较薄，在焊接接头处只需留有一定的间隙，就能保证将焊件焊透，焊件较厚时（6mm 以上），为保证焊透，焊前需要对焊件的接头处加工成各种几何形状，称为坡口。常见的坡口形式有如下四种：I 型、Y 型、双 Y 型、带钝边的 U 型。

2. 手工电弧焊的设备

手工电弧焊的设备主要是电焊机，它是焊接电弧的电源，根据输出的电流性质分交流和直流两大类。

（1）交流弧焊机。交流电弧焊机也称为弧焊变压器，是一种特殊的降压变压器，如图 5-13 所示。它把网路电压（220V 或者 380V）的交流电转变成适合于焊接的低压交流电输出。说其特殊是因为普通变压器的输出电压是恒定的，输出电压随输出电流的（负载）的变化而变化，空载时，电焊机的电压为 60～80V，既能满足顺利起弧需要，对人身也比较安全。起弧后电压自动降到电弧正常所需的 20～30V。起弧开始短路时，电焊机电压自动降到趋近于 0，使短路时电流不至于过大而烧毁电路或变压器本身。

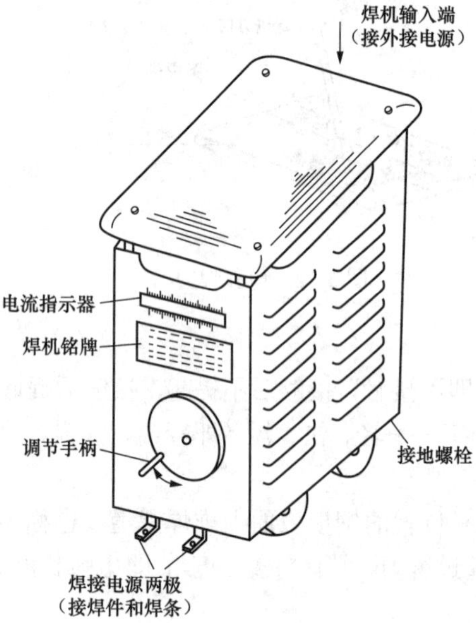

图 5-13 交流弧焊机

交流弧焊机型号为 BX1-315，其中，B 表示弧焊变压器；X 表示下降外特性（电源输出端电压与输出电流的关系称为电源的外特性）；1 为系列品种序号；315 表示弧焊机的额定焊接电流为 315A。

弧焊变压器供给焊电流可从几十安培到几百安培，根据需要做任意调节。调节电流分粗调和细调两级。

交流弧焊机具有结构简单、价格便宜、使用可靠、维修方便等优点，但在电弧稳定性方面有些不足。

（2）直流弧焊机。

1）发电机式直流弧焊机。发电机式直流弧焊机由一台三相感应电动机和一台直流弧焊发电机组成。特点是能够得到稳定的直流电，因此，引弧容易，电弧稳定，焊接质量高。但这种弧焊机结构复杂，价格昂贵，维修困难，使用时噪声大，已逐步被淘汰，我国也早已停止生产。

2）整流式直流弧焊机。也称弧焊整流器，是应用较多的直流弧焊机，其结构相当于在交流弧焊机上加上了整流器，从而把交流电变为直流电输出。它弥补了交流弧焊机电弧稳定性差的缺点，且焊机结构简单、制造方便、空载损耗小、噪声小，但价格比交流弧焊机高。

3）逆变式直流弧焊机。简称逆变弧焊机，是一种很有发展前景的新型弧焊电源。它具有高效节能、重量轻、体积小、调节速度快和良好的弧焊工艺性能等优点，近年来发展迅速，在未来的弧焊电源中有望占据主导地位。

其基本原理如下：

$$\text{工频交流} \xrightarrow{\text{整流滤波}} \text{直流} \xrightarrow{\text{逆变}} \text{中频交流} \xrightarrow{\text{降压}} \text{低压交流（直流）}$$

输出电流可以是交流也可以是直流。通常需要其输出直流电，所以逆变式弧焊机可以根据焊接工艺需要调节到所希望的外特性，因而能够取代各种传统的弧焊电源，还在不断发展之中，其应用将越来越广。

直流弧焊机输出端有正、负极之分，焊接时电弧两端极性不变。因此，直流弧焊机有两种不同的接线法。将焊件接到直流弧焊机的正极，焊条接负极，这种接法称为正接法，正接法可以利用电弧正极的温度和热量比负极高的特点，获得较大的熔深，一般用于厚壁焊件的焊接。反之，将焊件接到负极，焊条接正极，称为反接法，一般用于薄壁焊件的焊接，可以防止焊穿缺陷。在使用碱性焊条时，均应采用直流反接，以保证电弧燃烧稳定。

（3）弧焊机的主要技术参数。弧焊机的主要技术参数标明在弧焊机的铭牌上，主要有一次侧电压、空载电压、工作电压、输入容量、电流调节范围和负载持续率等。

1）一次侧电压：指弧焊机接入网路时所要求的外电源电压。一般交流弧焊机的初级电压为单相380V，整流弧焊机的一次侧电压为三相380V。

2）空载电压：指弧焊机在没有负载时的输出端电压。一般交流弧焊机的空载电压为60～80V，直流弧焊机的空载电压为50～90V。

3）工作电压：指弧焊机在焊接时的输出端电压，也可看作电弧两端的电压（称为电弧电压）。一般弧焊机的工作电压为20～40V。

4）输入容量：指由网路输入到弧焊机的电流与电压的乘积，它表示弧焊变压器传递电功率的能力，其单位是kVA。

5）电流调节范围：指弧焊机在正常工作时可提供的焊接电流范围。

6）负载持续率：指规定工作周期内弧焊机有焊接电流的时间所占的平均百分率。国家标准规定焊条电弧焊电源的工作周期为5min，额定的负载持续率一般为60%，轻型电源可取35%。

3. 手工电弧焊的工具及安全使用讲解

（1）焊钳：用于夹持焊条。应注意，任何时候不得将焊钳放在工作台上，以免造成焊机短路，破坏设备。

（2）电焊面罩：焊接中的防护工具，用于遮挡电弧光中强烈的紫外线和红外线，以免对面部及颈部皮肤造成伤害。

（3）长皮手套：防止焊接过程中产生的飞溅及电弧光对皮肤及衣服造成的伤害，也可以防止烫伤。

（4）清渣锤：用于清除焊缝上覆盖的药皮，便于观察焊缝质量。清渣时要用面罩或戴长皮手套遮挡，注意观察药皮飞溅方向，防止焊渣溅到面部或者眼睛里。

（5）铁钳子：用于夹持挪动工件，工件不要徒手去抓，防止被烫伤或者扎伤。

（6）丝刷：用于清除焊接表面的铁锈及杂质，提高焊接质量。

4. 焊接材料——电焊条

（1）焊条由金属的焊芯和包覆在焊芯上的药皮这两部分组成，具体如图5-14所示。

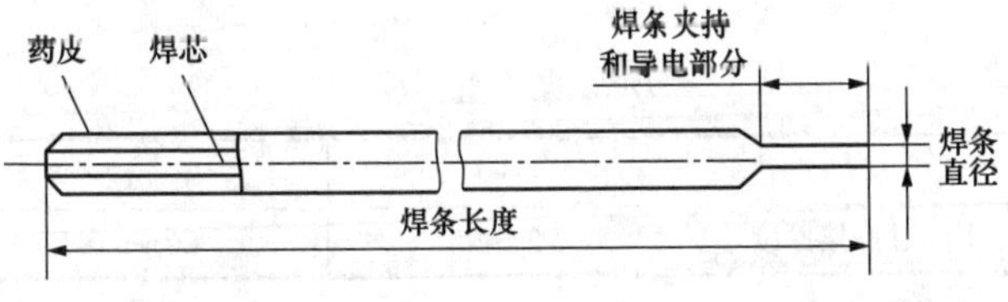

图5-14　焊条

（2）焊条的规格用焊芯的规格来表示，直径一般为ϕ1.6～ϕ6mm，共7种规格。常用的是ϕ2.5、ϕ3.2、ϕ4三种。焊条的长一般为250～450mm。本实训项目使用的是ϕ3.2、长350mm

的焊条。

（3）焊芯和药皮在焊接过程中各自承担不同的作用。

焊芯的作用：①作为电极传导电流，产生电弧，把电能转换为热能；②焊芯本身熔化，作为填充金属与熔化的母材一起组成焊缝金属。

药皮的作用：①机械保护作用，在电弧的高温下，药皮分解产生大量的熔渣和气体，包覆在熔滴和熔池金属周围，起隔离空气到作用，防止空气中氧气，氮气对熔池金属的侵入；②冶金处理作用，焊接时可以往熔池金属中加入有益的合金元素，同时去除有害杂质，改善焊缝质量；③改善焊接工艺性，可以使电弧易于引燃，保持电弧稳定燃烧，有利于焊缝成形，减少飞溅等。

（4）分类。

按生成的熔渣的化学性质不同，可以分为酸性焊条和碱性焊条两大类。酸性焊条的焊接工艺性好，但是焊缝的力学性能差。碱性焊条焊接的焊缝力学性能好，但是焊接工艺性差，烟尘大，在没有稳弧剂的情况下，只能采用直流电源。

按用途一般将焊条分成十大类，如结构钢焊条、铸铁焊条、铜合金焊条、特殊用途焊条等。其中，结构钢焊条（包括碳钢焊条和低合金钢焊条）在焊接结构生产中应用最广。在焊接不同钢种时应选用不同型号的焊条，例如，焊接 Q235 钢和 20 钢时选用 E4303 或 E4315 焊条；焊接 16Mn 钢时选用 E5003 或 E5015 焊条。

焊条国标型号说明：以 E4303 和 E5015 为例。焊条型号中，E 表示焊条，43 和 50 分别表示熔敷金属抗拉强度最小值为 420MPa（43kgf/mm^2）和 490MPa（50 kgf/mm^2）。焊条型号中第三位数字表示使用的焊接位置，0 和 1 表示适用于全位置焊接；第三位和第四位组合是表示药皮类型和焊接电源种类，03 表示钛钙型药皮，用交流或直流正、反接焊接电源均可；15 表示低氢钠型药皮，直流反接焊接电源。

5. 手工电弧焊工艺

常用的焊接接头形式有对接接头、搭接接头、角接接头和 T 形接头四种。

焊条电弧焊的工艺参数包括焊条直径、焊接电流、电弧电压、焊接速度和焊接层次等。焊接工艺参数选择是否正确，直接影响焊接质量和生产率。

焊前准备有修坡口、接头表面清理、装配和点固。

（1）焊条直径的选择。在保证焊接质量的前提下，尽可能选用大直径焊条以提高生产率。选择焊条直接，主要依据焊件厚度，同时考虑接头形式、焊接位置、焊接层数等因素。厚焊件可选用大直径焊条，薄焊件应选用小直径焊条。一般情况下，可以参考表 5-2 选择焊条直径。

表 5-2　　焊 条 直 径

焊件厚度	<4	4～7	8～12	>12
焊条直径	不超过焊接厚度	3.2～4.0	4.0～5.0	4.0～5.8

在立焊、横焊和仰焊位置焊接时，由于重力的作用，熔化金属容易从接头中流出，应选用较小直径的焊条。在实施多层焊时，第一层焊缝应选用较小直径焊条，以便于操作和控制熔透；以后各层可选用较大直径焊件，以加大熔深和提高生产率。

（2）焊接电流。选择焊接电流主要根据焊条直径。对一般钢焊件，可以根据下面的经验公式来确定：

$$I=Kd$$

式中：I 为焊接电流，A；d 为焊条直径，mm；K 为经验系数，按表 5-3 确定。

表 5-3 根据焊条直径选择焊接电流的经验系数

焊条直径/mm	1.6	2.0～2.5	3.2	4.0～5.8
K	20～25	25～30	30～40	40～50

（3）电弧电压。电弧电压由电弧长度决定，电弧长，电弧电压高，反之则低。因此，电弧电压的选择实际就是电弧长度的选择，当电弧过长时，电弧燃烧不稳定，飞溅增加，熔深浅，易产生气孔，焊不透等焊接缺陷，故应采用短弧焊。

（4）焊接速度。工件厚，焊速应慢；反之，焊速则可快一些。为了提高生产率，在保证质量的前提下，采用大电流、粗焊条并加大焊速。

（5）焊接角度。根据焊接接头形式和焊缝空间位置选择适当角度。

6. 手工电弧焊常见的缺陷

手工电弧焊常见的缺陷见表 5-4。

表 5-4 手工电弧焊常见的缺陷

缺陷名称和特点	产生的主要原因
未焊透：焊缝深部未焊透	电流太小，焊速太快，电弧太长，间隙或坡口太小
夹渣：焊缝中有非金属熔渣	焊条角度和运条不当，电流太小，坡口角度太小，多层焊时每层熔渣未清除干净
气孔：焊缝中有内表面光滑的孔	工件清理不干净（水、油、锈）焊条变质，药皮脱落，立、仰焊时电弧过长，运条不当
烧穿：在焊缝上形成穿孔	焊件加热过甚，电流过大，焊速过慢
裂纹：焊缝开裂	工件的可焊性差，结构设计不合理，焊接结构的刚性过大，焊接顺序不当
咬边：焊接边缘性差凹陷	电流过大，电弧过长，操作时手法不正确

三、其他焊接方法简介

目的和要求：①了解气焊和气割的原理、特点和应用范围；②了解气焊的气体、设备、气焊的三种火焰；③了解氩弧焊和二氧化碳气体保护焊所用设备的名称、型号、主要技术参数及大致构造；④了解两种气体保护焊的焊接过程；⑤了解两种气体保护焊的安全技术规则。

教具（挂图）：气焊简图、乙炔发生器的工作原理图、减压阀的工作示意图、火焰的构成及三种火焰图、减压器工作原理图等；氩弧焊示意图、手工钨极氩弧焊焊接设备系统示意图。

要点：①气焊的原理及应用；②氩弧焊和二氧化碳气体保护焊的原理及应用。

1. 气焊

气焊是利用可燃气体与助燃气体通过焊炬混合燃烧产生的高温火焰（3200℃）熔化焊丝和焊件的结合部，冷却后形成牢固的接头，如图 5-15 所示。

气焊的优点：设备简单，使用灵活，不用电，适应性好。气焊的缺点：火焰温度低，加热速度慢，所以生产率低，工件易变形。应用范围：气焊一般用于厚度 3mm 以下的低碳钢薄板和管子的焊接、铸铁件焊补，对焊接要求不高的不锈钢，铜和铝及其合金，也采可用气焊

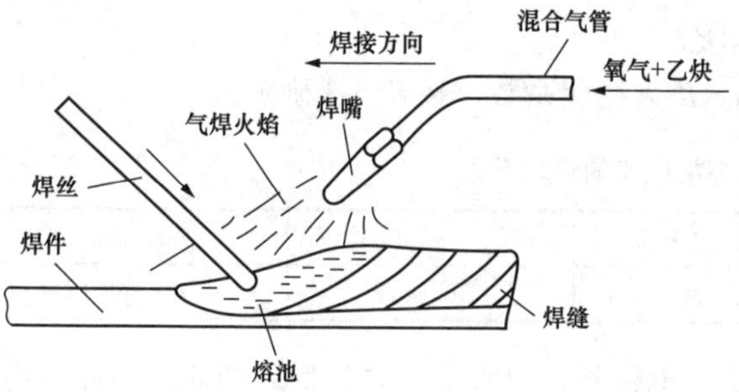

图 5-15　气焊原理

进行焊接。

气焊用可燃气体和助燃气体。最常用的可燃气体是乙炔（C_2H_2），它的发热量大，温度较高，其次是液化石油气。乙炔在常温下为气体，比空气轻，能溶于丙酮，乙炔是易燃易爆气体，使用过程中要高度注意安全，现在多数车间、工地使用的都是瓶装乙炔。助燃气体有氧气。气焊、气割用的氧气是工业纯氧，乙炔等气体在纯氧中燃烧，能大大提高火焰温度。

气焊设备及其连接如图 5-16 所示。

乙炔发生器：乙炔发生器是储存水和电石，是水和电石在其内发生反应，生产乙炔气的装置。它能自动保持一定的乙炔量和工作压力。

回火防止器：其作用是在气焊过程中，焊炬火焰倒燃（回火）时，防止乙炔气发生爆炸事故。造成回火的主要原因是焊嘴堵塞，焊嘴和焊炬过热，乙炔压力过低，焊炬失修，阀门不严。

氧气瓶：是用优质碳素钢或低合金钢制成的无缝高压容器，用来储存和运输氧气。由瓶体、瓶帽、瓶阀和防振橡胶圈组成。容积为 40L，压力为 120～150 大气压，储气量为 6000L。

减压器：其作用是将氧气瓶中的高压气体（150kg/cm^2）降低到工作需要的低压力（3～4kg/cm^2）气体，并保持工作时气体压力与流量的基本稳定。

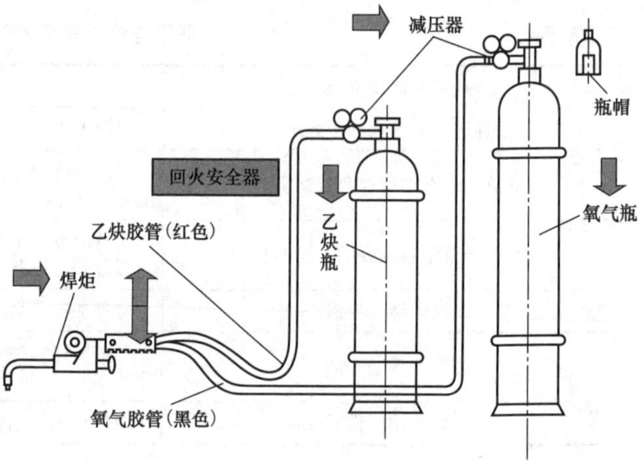

图 5-16　气焊设备及其连接

焊炬：焊炬的作用是使氧气、乙炔均匀地混合，并能调节其混合比例，以形成适合焊接要求的稳定燃烧的火焰。各种型号的焊炬均配备 3～5 个大小不同的焊嘴，以便焊接不同厚度的焊件时使用。

气焊火焰：气焊火焰因混合气体中氧与乙炔的比例不同分为三种（点火调节气焊火焰，先调成碳化焰，然后调成中性焰、氧化焰），具体如图 5-17 所示。

中性焰：氧气与乙炔的体积混合比为 1.1～1.2 时燃烧所形成的火焰称为中性焰，又称正常焰，由焰心、内焰和外焰组成，中性焰温度可达 3150℃，适用于焊接低碳钢、中碳钢、普通低合金钢、不锈钢、紫铜、铝及铝合金等。

碳化焰：氧和乙炔的体积混合比小于 1.1 时燃烧所形成的火焰，由于氧气较少，燃烧不完全，过量的乙炔分解为碳和氢，其中碳会渗到熔池中造成焊缝增碳，碳化焰比中性焰的火焰长，由焰心、内焰和外焰组成，其明显的特征是内焰呈乳白色，最高温度可达 2700～3000℃。碳化焰适用于焊接高碳钢、高速钢、铸铁、硬质合金等。

氧化焰：氧气与乙炔的混合比大于 1.2 时燃烧所形成的火焰称为氧化焰，整个火焰比中性焰短，其结构分为焰心和外焰两部分。火焰中有过量的氧，具有氧化作用，使熔池中的合金元素烧损，一般气焊时不宜采用。只有在气焊黄铜、镀锌板时才采用。氧化焰的最高温度可达 3100～3300℃。

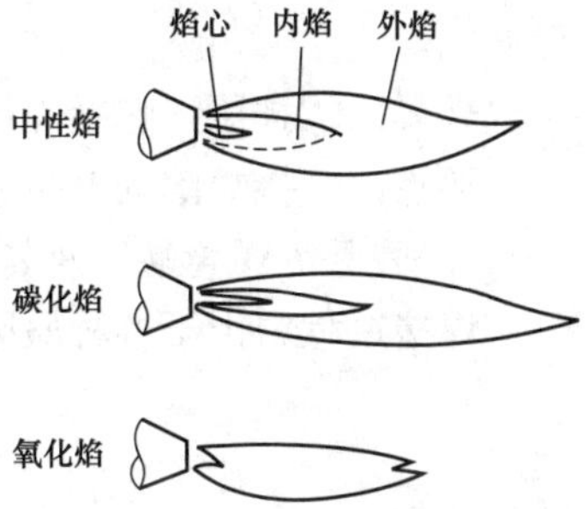

图 5-17　氧乙炔焰

2. 气体保护电弧焊

气体保护电弧焊是利用外加气体作为电弧介质并保护电弧和焊接区的电弧焊方法，简称气体保护焊。常用的气体保护焊有氩弧焊和二氧化碳气体保护焊等。

（1）氩弧焊。用惰性气体氩气作为保护气体的电弧焊称为氩弧焊。高温下，氩气不与金属起化学反应，也不溶入金属，因此机械保护作用好，电弧稳定性好，金属飞溅小，焊接质量高。但氩弧焊设备较复杂，而且氩气成本高，氩弧焊成本较高。氩弧焊主要用于易氧化的有色金属和合金钢焊接，如铝、镁、钛及其合金，以及不锈钢、耐热钢等。按照所采用的电极不同，氩弧焊可分为钨极氩弧焊和熔化极氩弧焊两类。

1）钨极氩弧焊。钨极氩弧焊是以高熔点的钍钨棒或铈钨棒作电极，在钨极与焊件之间产生电弧，在电弧热作用下，焊丝端部与焊件熔化形成熔池，随着电弧前移，熔池金属冷却凝固后形成焊缝。焊接中氩气从焊枪的喷嘴中连续喷出，在电弧周围形成气体保护将电极、焊件、焊丝端部与空气隔绝开。由于钨的熔点高达 3410℃，焊接时钨棒基本不熔化，只是作为电极起导电作用，填充金属需要另外添加，故又称非熔化极氩弧焊。

2）熔化极氩弧焊。以连续松紧的焊丝作为电极并兼作填充金属，焊丝在送丝滚轮的输送下，进入到导电嘴，与焊件之间产生电弧，并不断熔化，形成很细小的熔滴，以喷射形式进入熔池，与熔化的母材一起形成焊缝。与钨极氩弧焊不同，熔化极氩弧焊均采用直流反接，以提高电弧的稳定性，因此可采用较大的电流焊接 25mm 以下厚度的工件。直流反接对铝件的焊接十分有利，例如以 450A 电流焊接铝合金时，不开坡口可一次焊透 20mm，而同样厚度用钨极氩弧焊时，则要焊 6~7 层。

（2）二氧化碳气体保护焊。用二氧化碳作为保护介质的气体保护焊，简称 CO_2 焊。它利用焊丝作电极并兼作填充金属，其焊接过程和熔化极氩弧焊类似。

CO_2 气体在高温下分解产生 CO 和 O，在高温下，CO 气体比较稳定，且不溶于液态金属；而 CO_2 和 O 则具有很强的氧化性，会引起合金元素烧损，是焊缝金属中含氧量增加，故必须采用含脱氧元素的焊丝。

CO_2 焊只能采用直流电源，主要有硅整流电源、晶闸管整流电源、晶体管电源盒逆变电源等。

CO_2 焊的优点：由于采用廉价的 CO_2 气体，生产成本低；电流密度大，生产率高；焊接薄板时，比气焊速度快，变形小；操作灵活，适宜于进行各种位置的焊接。其主要缺点是飞溅大，焊缝成形较差，此外，焊接设备比手弧焊机复杂。

由于 CO_2 气体是一种氧化性气体，焊接过程中会使焊件合金元素氧化烧损，故它不适用于焊接非铁合金和高合金钢。CO_2 焊主要适用于低碳钢和低合金结构钢的焊接。

四、常见焊接缺陷及焊接变形

目的和要求：①了解焊接缺陷的种类及产生焊接缺陷的原因；②了解焊后工件的几种变

形方式。

教具：①挂图，包括焊接缺陷与变形的挂图；②实物，包括焊接缺陷件、变形件。

要点：焊接缺陷的产生原因及焊接变形。

1. 常见的焊接缺陷及其产生的主要原因

焊接过程中由于各种原因，往往会在焊缝及热影响区产生各种缺陷，具体如图 5-18 所示。

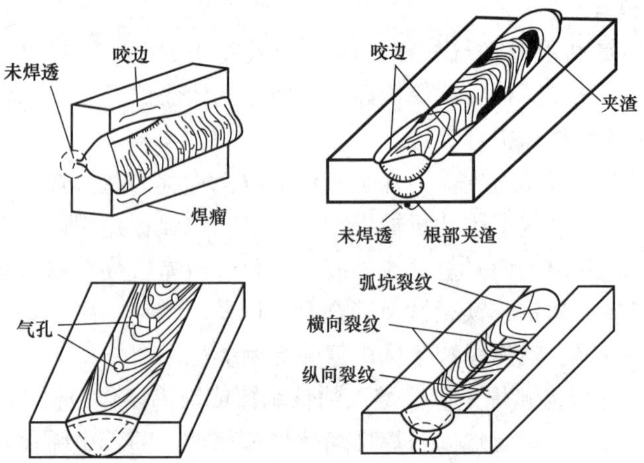

图 5-18　熔焊常见的焊接缺陷

焊缝外形尺寸不符合要求：咬边、表面气孔、表面裂纹、烧穿、焊瘤等。

焊缝的内部缺陷：未焊透、内部气孔、内部裂纹、夹渣、过热、过烧等。

危害性较大的缺陷：咬边、烧穿、未焊透、夹渣、裂纹。

（1）咬边：基本金属与焊缝交界处的凹槽称咬边，会减小有效截面积，减弱接头强度，易产生应力集中。产生的原因是手弧焊电流过大，电弧过长或运条速度不合适，焊速过快；焊嘴倾角不当，火焰吹偏等。

（2）烧穿：熔深超过工件厚度，液态金属从工件背面下坠的现象，它不仅影响美观，还使该处焊缝强度显著减弱，还可以造成根凸瘤。

（3）未焊透：母材与熔敷金属之间、母材之间或焊缝金属之间，局部未熔化而留下空隙称为未焊透。它会降低接头的力学性能，且在未焊透的缺口和端部易引起应力集中。产生原因：坡口太厚，角度太小，根部间隙狭窄，焊根未清理干净，焊条或焊丝角度不对，熔池偏一边，焊接电流太小，速度过快，散热太快，熔池存在时间太短，层间或母材的铁锈、氧化皮、油污处理不好。

（4）夹渣：存在于焊缝内部的非金属夹杂物，尤其以条形夹渣对工件危害性大，即存在于焊缝内部的长宽比大于 3 的夹渣，相当于存在一个长缝，引起应力集中，导致焊缝开裂。

（5）裂纹：存在于焊缝或热影响区中因开裂而形成的缝隙。它不但会减小承载面积，降低接头强度，还易引起应力集中。产生原因：由于焊接过程中产生的应力较大，同时焊缝中含有低熔点杂质使焊缝产生热裂纹，或由于冷到低温时，焊缝及近焊缝区存在脆性组织，缝内含较多的氢气，在拉应力下产生冷裂纹。

2. 焊接变形

焊件不均匀加热是产生焊接应力和变形的主要原因，焊接变形的基本形式如图 5-19 所示。

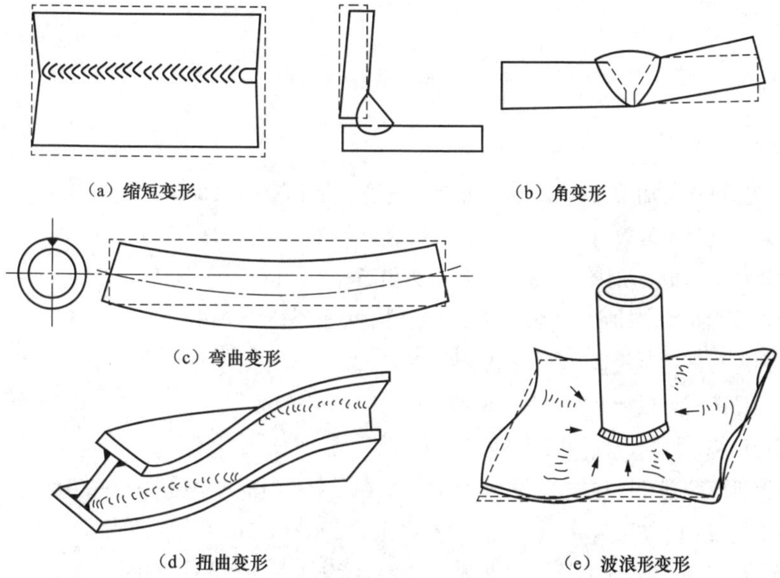

图 5-19　焊接变形的基本形式

焊接变形主要有以下几种形式：①收缩变形，焊后工件纵向、横向的尺寸缩短；②角变形，焊缝截面上下不对称，焊后横向收缩不均匀引起；③弯曲变形，焊缝位置不对称，焊后偏侧收缩；④扭曲变形，焊缝在截面上不对称或焊接工艺不合理，是工件产生的纵向扭曲变形；⑤波浪形变形，焊薄板时，薄板在焊接应力作用下，在厚度方向上因失稳而造成的翘曲变形。

五、实习的基本内容

1. 安全教育

（1）安全操作规程。

（2）操作注意事项。

2. 基本知识

（1）焊接加工的特点与应用；相关设备对应的加工对象及应用范围。

（2）焊接材料的分类，手工电弧焊焊条的构成及各部分的作用。

（3）手工电弧焊的基本操作方法：常见的四种焊接位置，坡口形式，平焊、立焊的焊接电流的选择，引弧及平焊、立焊的运条技巧，相关工具的正确使用方法。

（4）焊接变形及常见焊接缺陷的分类及预防。

（5）气焊的特点及在工业生产中的应用，氧气切割的原理、条件及应用。

3. 基本技能

（1）熟练掌握手工电弧焊工具的正确使用方法，能够完成平焊、立焊的基本操作。

（2）具有对简单焊件进行初步工艺分析的能力。

4. 综合或创新训练

安排课内外结合的综合训练，以及设计与制作结合的创新训练。

参考文献

[1] 陈宇. 普通车床操作与加工实训. 2版. 北京：电子工业出版社，2008.

[2] 张学政. 金属工艺学实习教材. 4版. 北京：高等教育出版社，2011.

[3] 陈光明. 数控技术与数控机床. 北京：中国电力出版社，2013.

[4] 蔡有杰. 数控编程及加工技术. 2版. 北京：中国电力出版社，2016.

[5] 杨钢. 工程训练与创新. 北京：科学出版社，2015.

[6] 曲晓海. 工程训练实习报告书. 北京：机械工业出版社，2020.

[7] 杨进德. 工程训练. 四川：四川交通大学，2019.

[8] 曹清香. 数控机床编程及操作技术的探索研究. 长春：东北师范大学出版社，2018.

[9] 黄明宇. 金工实习（冷加工）. 4版. 北京：机械工业出版社，2020.

[10] 严绍华. 金属工艺学实习（非机类）. 2版. 北京：清华大学出版社，2006.